U0305465

流转的星辰

The Stars in their Courses

（英）詹姆斯 · 金斯/著
金克木/译　刘博洋/导读

贵州出版集团
贵州人民出版社

图书在版编目（CIP）数据

流转的星辰 / (英) 詹姆斯·金斯著；金克木译.
-- 贵阳：贵州人民出版社，2018.6
ISBN 978-7-221-09862-7

Ⅰ.①流… Ⅱ.①詹… ②金… Ⅲ.①天文学－普及读物 Ⅳ.①P1-49

中国版本图书馆CIP数据核字(2018)第049072号

流转的星辰
（英）詹姆斯·金斯 / 著　金克木 / 译

出 版 人：苏　桦
选题策划：祁定江　吴　穷
责任编辑：祁定江　陈思宇
封面设计：王　晗
出版发行：贵州人民出版社（贵阳市观山湖区会展东路SOHO办公区A座）
印　　刷：北京温林源印刷有限公司
版　　次：2018年7月第1版
印　　次：2018年7月第1次印刷
印　　张：17.5
字　　数：200千字
开　　本：890mm × 1240mm　1/16
书　　号：ISBN 978-7-221-09862-7
定　　价：58.00元

宇宙原是个有限的无穷。人类恰好是现实的虚空。
只有那无端的数学法则，才统治了自己又统治了一切。

——金克木

詹姆斯·金斯（James Jeans，1877-1946），英国物理学家和数学家，先后在剑桥大学、普林斯顿大学授课，1923年起在威尔逊天文台研究星空。首次提出金斯不稳定性和紫外线灾难曲线，还协助提出辐射源温度和黑体辐射能量密度关系式的定律。金斯擅长用浅显流利的文笔说明新奇学理。著作有《神秘的宇宙》《空间和时间的巡礼》《自然科学史》等，最负盛名的则为《流转的星辰》。

写给读者··

天文学是一个具有诗意的学科。在中国，你要读懂《诗经》，读懂浩如烟海的古典文学，还真得懂点儿天文学。“七月流火，八月未央”“人生不相见，动如参与商”，朗声吟诵间，还能聆听到天上星辰流转的声音。

本书作者詹姆斯·金斯（James Jeans，1877–1946），被金克木先生称为秦思爵士，是英国著名物理学家和数学家，先后在剑桥大学、普林斯顿大学授课，1923年起在威尔逊天文台研究星空。首次提出金斯不稳定性和紫外线灾难曲线，还协助提出辐射源温度和黑体辐射能量密度关系式的定律。他特别擅长用浅显流利的文笔说明新奇学理。著作有《神秘的宇宙》《空间和时间的巡礼》《自然科学史》等，最负盛名的则为《流转的星辰》。

而译者金克木则是举世罕见的奇才。他对天文学有特别的兴趣，不仅翻译过天文学的著作，还发表过天文学的专业文章。译笔非常深刻而又富于哲理。他精通梵语、巴利语、印地语、乌尔都语、世界语、英语、法语、德语等多种外国语言文字。他曾仅靠一部词典，一本凯撒的《高卢战纪》，就学会了非常复杂的拉丁文。他的日语也很不错。金克木学贯东西，知兼古今，学术研究涉及诸多领域，自己在生前也自称是“杂家”。他除了在梵语文学和印度文化研究上取得了卓越成就外，在中外文化交流史、佛学、美学、比较文学、翻译等方面也颇有建树，为中国学术事业的发展作出了突出贡献。

围绕《流转的星辰》，诞生了很多佳话。除了上文中提到的名家争相翻译此作之外，另有一则非常有趣的故事。30年代，戴望舒非常欣赏金克木的作品，于是赠诗一首，硬是将当时痴迷天文学的金先生从天文学拉回文学。

赠克木

我不懂别人为什么给那些星辰
取一些它们不需要的名称
它们闲游在太空，无牵无挂
不了解我们，也不求闻达

记着天狼、海王、大熊……这一大堆
还有它们的成份，它们的方位
你绞干了脑汁，涨破了头
弄了一辈子，还是个未知的宇宙

星来星去，宇宙运行

春秋代序，人死人生
太阳无量数，太空无限大
我们只是倏忽渺小的夏虫井蛙

不痴不聋，不作阿家翁
为人之大道全在懵懂
最好不求甚解，单是望望
看天，看星，看月，看太阳

也看山，看水，看云，看风
看春夏秋冬之不同
还看人世的痴愚，人世的倥偬：
静默地看着，乐在其中

乐在其中，乐在空与时以外
我和欢乐都超越过一切境界
自己成一个宇宙，有它的日月星
来供你钻究，让你皓首穷经

或是我将变成一颗奇异的彗星
在太空中欲止即止，欲行即行
让人算不出轨迹，瞧不透道理
然后把太阳敲成碎火，把地球撞成泥

此后，金克木果然将更多精力专注于人文学科，但多年后，他却颇感遗憾，曾在一篇随笔中怅然道："离地下越来越近，离天上越来越远。"甚至在1996年写下《闲话天文》，算是对戴望舒的一次跨时空回答，这也是我们出版《流转的星辰》的原因：心中无宇宙，谈人生很难出个人经历的圈子。

为了给读者呈上既精准权威又诗情画意的天文学通俗之作，我们特意邀请中国科学院国家天文台、西澳大学国际射电天文研究中心在读博士、NGO青年天文教师连线创始人、"天文八卦学"专栏作者刘博洋对本书进行了为期一年的整理、校对、导读、修订工作，并和美国宇航局合作，请他们提供了数十张高清大图。相信这是一次既美且丰的阅读体验。

闲话天文 ••

近年来翻印古书和翻译古书忽然流行，早已超过了《四库全书》时代。可是讲怎么读古书的还很少。是不是大部头古书只为包装摆起来好看？谁有那么多时间读古书，赏鉴古董？“博览群书”只怕是属于有电视电脑以前的时代，不属于现代或者“后现代”了。

不过有书就会有人读。现在人读古书和一百年以前古人读古书不会一样。现在人有些想法是古时人不会有的。我想起一个例。

清初顾炎武的《日知录》大概是从前研究学问的人必读的。记得开篇第一条便是“三代以上人人皆知天文”，举了《诗经》的例证。现在人，就说我罢，读起来就有些看法，是八十多年前离开世界的我的父亲想不到的。我想的是什么？

顾老前辈是明末清初的人，自命遗民，怀念前朝，自然更多今不如昔的复古之情。夏商周三代以上是圣人尧舜治世，是黄金时代。

夏朝有治水的大禹，周朝有演周易八卦的文王和制礼的周公，当然是后代赶不上的。那时人人都知天文，不分上等下等男人女人，真正是“懿欤休哉”的盛世。但我想，古人没有钟表和日历，要知道时间、季节、方位，都得仰看日月星辰。“东方红，太阳升”。日出在东方，是早晨，永远光明。日落在西方，是黄昏，接近黑暗。“日出而作，日入而息”。作息时间表是在天上。“人人皆知天文”，会看天象，好像看钟表，何足为奇？现在是“六亿神州尽舜尧”。照五十年代统计，全国有六亿人口，个个都是圣人，尧舜也不稀罕了。人人知道，地球是圆的，向东向西都会回原地。古人不知道。

我说这些话当然不是要讲现在人怎么读古书，只是由此想到今天是不是还要人人知道一点天文。古人说的天文只是天象，抬头就可以望见。现在都市兴起，处处是高楼大厦，夜间灯火通明照耀如同白昼，再要仰观天象只有去广阔天地才行。现在说天文也不再是观赏星空，望望银河边上的牛郎织女了。三十年代我在北京还能够看星空认星座谈天文。过了六十年，不但看不到星空，天文学也起了大变化。那时我译的《流转的星辰》《通俗天文学》和因抗战未能出版的《时空旅行》都大大过时了。那时的天文学家爱丁顿和秦斯讲宇宙膨胀，写通俗天文学书，我看得津津有味。他们力求普及深奥的新理论，相对论，量子论，现在都是古典了。我也快成为古人了。科学一定要有新知，否则就成为玩古董。现在人看古时人读古时书无论如何也不会摆脱现代人眼光，这是不由自主的。现在的天文学讲大爆炸，讲黑洞，早已脱离古时诗意的广寒宫和北斗七星以及神话的猎户和仙女了。现在的小学生的课本里都有太阳系、银河系的常识了。还需要提倡“人人皆知天文”吗?

不过我仍然认为，至少是读书人，现在也是有点天文常识，看点通俗天文书为好。从我的微薄经验说，看天象，知宇宙，有助于开拓心胸。这对于观察历史和人生直到读文学作品，想哲学问题，都有帮助。心中无宇宙，谈人生很难出个人经历的圈子。有一点现代天文常识才容易更明白：为什么有些大国掌权者不惜花重金去研究不知多少万万年以前发生而现在光才传到地球的极其遥远的银河外星系、超新星、黑洞等等。这些枯燥的观察、计算、思考只要有一点前进结果，从天上理论转到地上实际，就会对原子爆炸，能源危机产生不可预计的影响。最宏观的宇宙和最微观的粒子多么相似啊!宇宙的细胞不就是粒子吗?怎么看宇宙和怎么看人生也是互相关联的。有一点宇宙知识和没有是不一样的。哪怕是只懂小学生课本里的那一点点也好。古时读书人讲究上知天文下知地理，我看今天也应当是这样。不必多，但不可无。

我还想提一点是近代和现代天文学发展历史的通俗化。这会有助于破除流行的不准确认识。例如日心说和地心说是早就有的，困难在于科学论证。哥白尼神父有了第一次大成功，但完成还在开普勒的算出行星轨道。尽管人已能飞出地球，行走在太空，但太阳系里还有不少难题。牛顿对神学是有兴趣的。科学和宗教是两回事。科学可以研究宗教，但不能消灭人的信仰。要用科学实验破除迷信也不容易，还需要破除迷信中的心理因素和社会因素。如此等等。

要知道历史事实，知道科学进步非常困难，科学家是会有牺牲的。

我想现在一定出了不少讲新天文学成就的通俗易懂的好书，可惜我不知道。希望读书人不妨翻阅一下，可能比有些小说还要有趣。

金克木

一九九六年十一月一日

译者的话 ··

本书原名“The Stars in their Courses”，一九三一年由英国剑桥大学出版部出版[①]。

本书作者为20世纪初英国有名的天文学家，而且是一个能用浅显流利的文笔说明新奇学理的人。他的著作《神秘的宇宙》《环绕我们宇宙》《科学的新背景》等已有中文译本。他的新近著作《空间和时间的巡礼》，也是一本通俗天文学书籍。

本书翻译的体例非常简单：只是把原句一句一句改写成中文而已。所有应该声明的也只有下列几点：

名词一概依照教育部公布的天文学名词[②]。

星名译法：凡原文系专名者，均尽量用中国星名，否则仍用希腊字母（其读音附后）。星名与人名、地名，均附注原文。

---

① 剑桥大学出版社2009年重新修订再版，本书在剑桥修订版的基础上再做了补充。

② 本次修订中，将以中国天文学会天文学名词审定委员会的译法为规范。

本书原为英国人写，其中例证多为英人便利而设，现一仍其旧；但请读者记住英国纬度较中国高（伦敦约比北京更北十度），所以有的英国看不到的星在中国南方可以看见。

本书的译成与出版曾得几位友人的助力，最后并承陈遵妫先生校阅一过，应在此声明衷心的感谢。

金克木

原序

我最近在电台作一系列的天文通识演讲，大多数听众并不具备相应的科学功底，我试着将他们引向近代天文学中的迷人深处，打算叫他们来瞻仰一下咱们今日在巨大望远镜中所窥见的宇宙奇观。

此书便是演讲的精华集录，但所用材料却已扩充到原来的两倍；我一贯所喜的随性自然、无拘无束的谈话式样文风、简明而通俗易懂的遣词造句都得以保留。关于此书，我一点儿也没有什么别的野心——目的仅仅是想要对于这门在一切科学中最具有诗意的学问，写出一篇轻快易懂而不过于严肃的导论而已。

秦思（Sir James Jeans）

一九三一年一月二十二日

导读

金克木先生是民国年间的翻译家，对天文学科普书籍也情有独钟，翻译过西蒙·纽康的《通俗天文学》、詹姆斯·金斯爵士（金谓“秦思”）的《流转的星辰》等多部经典的天文学科普书籍。这些书虽然成书于近一个世纪之前，但现在回味起来，仍然别有一番趣味。

金克木先生的译本是大家之作，如今再版之时，我想竭力弥补一些受限于时代的遗憾，因此本次修订和导读的主要原则包括：一、对“民国范儿”的语言，如果不影响理解，则仍照其原样，如果会造成当代读者理解上的困难，则酌情进行修正；二、对不符合当代天文学译法规范和惯例的，一般会被改正为当代译法；三、在译法层面或科学层面，如果今昔对比能让人格外感受到天文学一个世纪以来的进步，因而原译法、原内容会被保留，在旁边单独补充一段解说，以便读者品味。

导读者：刘博洋

二〇一八年六月

目 录
CONTENTS

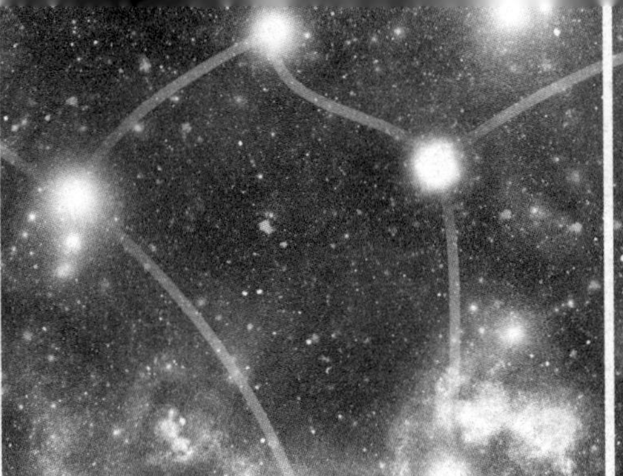

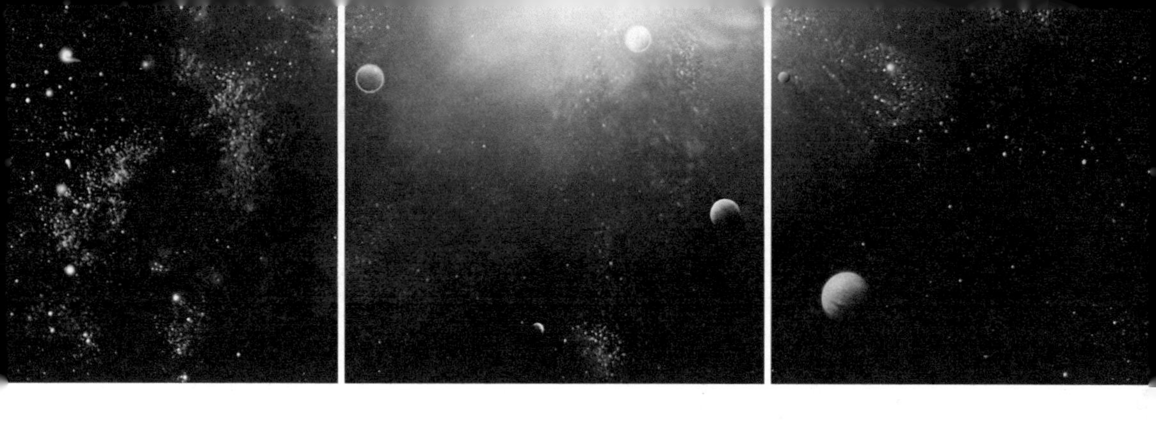

附录一
常识指南

附录二
天文学漫话

第一章

天似穹庐

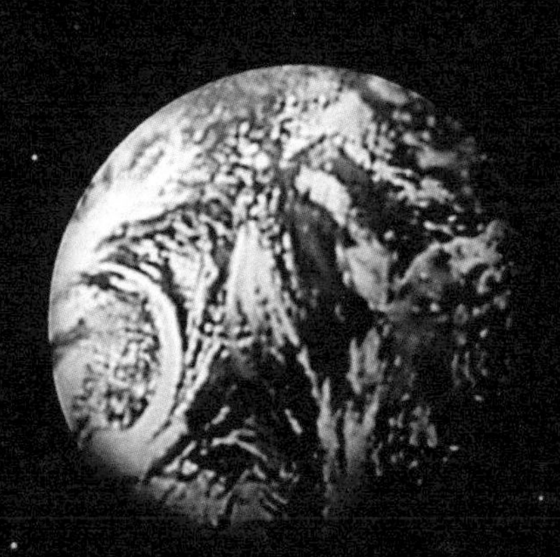

月亮面上黑暗部分也不是绝对黑暗的，一般它的亮度足以使我们辨认出它的轮廓，于是我们说看到“新月抱旧月”了。我们看到的旧月的光明并不来自太阳，却是从地球来的。我们很知道海洋或积雪或甚至于潮湿的道路都会把太阳光反射到我们的脸上来，使人很不舒服。同样的，整个地球也可以反射足够的太阳光到月面上去，使我们能够看出那本来应该黑暗的一面。

我们地球上的居民享有一种很宝贵的财富，可是我们都几乎不觉得，我们已经把它当作跟我们所呼吸的空气同样自然的事了——我的意思是指我们有一层透明的大气。其他一些行星，例如金星和木星，它们的大气中都堆积着厚云而完全不透明。假使我们生在金星或木星上，我们便一生也不能透过层云去望天空，也就一点不能知道星空的美观与诗意，更无法出于对遍布星点的太空这幅宏大图景的求知欲，而得到精神上的兴奋与快乐了。

说到本节的主题，我们不妨先假想在今天晚间以前，我们的地球被一层不透光的厚云包围着。刹那之间云开雾散，我们才第一次看见夜空的壮观与不可捉摸。

我们的第一个印象大约便是觉得有些灯光高悬在我们的头顶，也许离我们有几百米，甚至于只有几十米的距离——简直就像一座巨大帐篷或大厅顶上的灯光。这就是我们的远年祖先所想的，那时人类的智慧刚到黎明期，人类也刚把思想投射到自己日常生活以外的世界去。

这层云幕卷起来没有多久，我们便会注意到这一大群光点并不是在我们头顶上固定不动的。要了解它们如何运动，最好的方法是放一架相机对着天空，让每粒光点报告它自己的活动。这就好像是那些光点都钉在一块中空的球壳中，在我们的头顶上旋转，如同天文台的圆顶在望远镜上面旋转一样。这其实也是原始人的想法，而且实际上一直到四百年前伽利略（Galileo）的发现开始揭示宇宙的真实构造之前，绝大多数所谓的“文明人”也都这样想。

旋转的地球

可是，即使我们在今天晚间以前从未见到天空，今日的我们也不会认为星辰是那样旋转的。完全用不着仰视天空，就可以在地球上通过实验来有力地证明地球每二十四小时就在太空中旋转一周，而我们头顶上的星辰的运行跟火车窗外的牛群、树林、教堂的飞驰而过同样是一种错觉。

这种实验有两类。让我们依次讨论。

大多数船舶的行驶都依赖一种叫作“罗盘”的工具。这工具中间的小磁针是钉在那儿可以随便转动。地球的磁性使它转来转去最后指着北方，于是航海的人依着它知道了北方，便可指挥船舶不致迷失了。但是潜水艇以及一些别的现代船舶的行驶，却由另一种应用不同原理的工具指挥，这种工具叫作“陀螺仪”。这工具内有一很大的旋转体，其轴的两端是圆的，安在框子里可以旋转。这框子也是装得可以自由转动的。船在港湾停泊的时候，使旋转体的轴先指北方，那时便可开始使它旋转起来，并由电机让它继续旋转下去，像我们让一台普通的电扇旋转一样。不论船怎样转，这旋转体的轴便永远会指着北方。这道理很简单，因为没有别的力量拉动这旋转陀螺使它改变它旋转时的方向。于是航海者便可以依照这固定的方向去行驶他的船舶了。假如船只在雾中转了一个圆圈，陀螺也就在船中转了一个圆圈，这便立刻表示船在转动了。当潜水艇在水底转了一个圆圈时，陀螺中也同样有了表示。于是，也完全同样的，一个陀螺仪在陆地上便可以表示出地球在空间中的转动了。

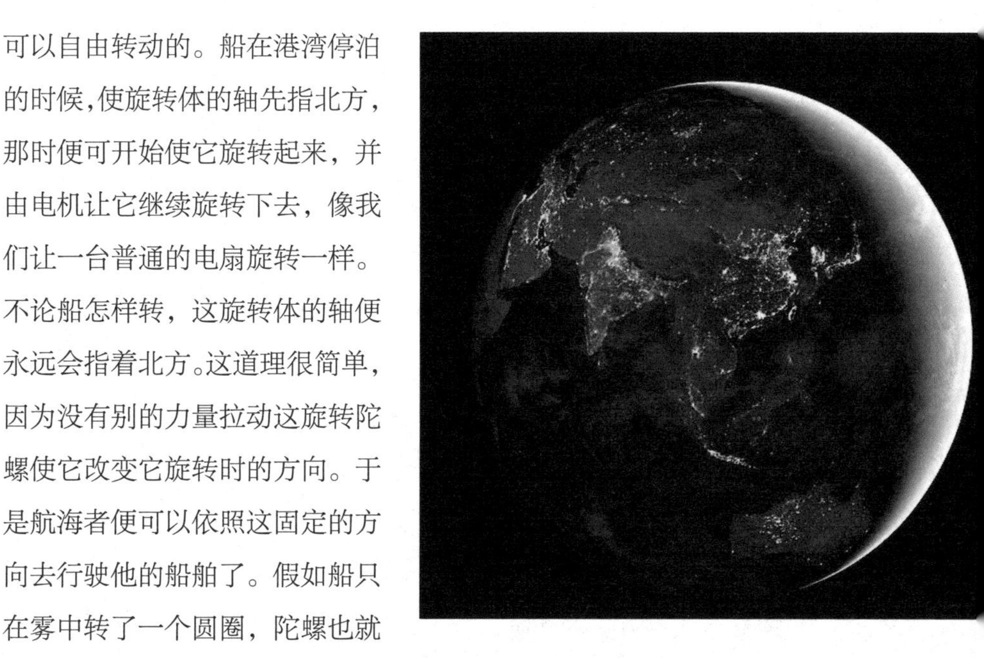

图一　美国航空航天局和美国海洋和大气管理局于2012年公布的地球夜景卫星图

地球的旋转还可用一种更简单的设计来证明，就是傅科摆（Foucault's Pendulum）。试把一很重的东西用很长的绳子在很高的屋顶下悬挂起来，再使它摆动像一个铜摆一样。这临时制成的摆便会继续向同一方向摆动，这也是由于没有他力改动方向的简单原因。可是你会发现它在悬着它的那屋内并不永远继续向同一方向摆动；它的摆动方向竟是在室内旋转的。这原因便是屋子自身永远在空间转动。对于这运动加以小心的研究便会知道地球是二十四小时旋转一周的。在许多科学陈列馆和实验室中你都可以看到一道长摆悬在屋顶下来回动。留神守它很久，你便会发现这大建筑的地板，连我们自己，连整个地球，都在这摆下旋转的。同样，当我们守着我们头上的星辰的可见的运动时，我们真正看到的只是我们自己和整个地球在天宇的穹隆下面旋转罢了。我们都好像小孩们在游乐场中的“旋转木马”上面，看起来整个场地都绕着他们转，其实是他们自己在场地中间转罢了。

假如我们现在是第一次看到星的话，我们会很有理由认为它们只在我们头上距离几十米或许几百米远。可是不久我们就会发现在地上不论走多么远都不能改变星辰在空间中的方位，事实上纵使我们的地球比现在大了几百倍，我们也可以挟着世上最有力的大望远镜横跨相距几百万里的两极，我们也还是不能看到它们的方位有什么改变[①]。这便显出了星辰的距离跟地球的大小比较起来要更大到怎样可惊的程度了。我们在空间的住宅，当我们在它上面旅行的时候，觉得是这样伟大的一个球体，但是地球，在天文学的硕大无朋的空间中，只是极渺小的一粒灰尘而已。

---

① 这一段描述的现象叫作“视差”，即观察者位置移动时，被观察的前景物体相比于背景物体，视位置会有更大的变化。当被观察的物体非常遥远时，观察者位置的少量改变不足以使被观察物体的视位置出现可观的变化，这就是文中描述的现象——用天文学术语说，这是用地球直径作为基线测量天体的视差。由于地球直径相比茫茫宇宙实在微不足道，所以这种测量确实很难有什么结果。现代天文学中使用较多的是用地球公转轨道直径这个更为巨大的基线来测量天体的视差，即使是这样，也只有银河系内比较邻近太阳的天体能够被测出视差。

我们的近邻——月亮

如果一段地面上的旅行能使太空中的某一样东西在方位上改变到看得出来的程度，我们便会毫不质疑地认为这东西比其他星辰离我们近得多。举例说，两座在地面上不同地域的天文台，譬如在格林尼治（Greenwich）和开普敦（Cape Town）两个地方，绝不能看出星辰的方位有什么不同来，但一定可以无误地看到月亮在空间中的方位有了微末的不同。这便指出了月亮比星辰离我们更近些，而且使我们有法子测出月亮离地球的距离来，这方法是跟普通的大地测量以及战争中的远敌测量的方法相似的。我们用不着上山顶去发现山有多高，也用不着跑到敌人枪炮跟前才知道他们离我们多远。同样的道理我们也用不着到月亮上去才能知道它离我们的距离。用这种大地测量或者是远敌测量的方法，我们便发现了月亮离地球有大约38.4万公里[①]路远，而且它永远这样，只有几千公里内的小变化。可是稍一留心观察就会发现月亮不是站着不动的，它离地球的远近虽然不变，它的方位却不断改换。我们发现它是在绕着地球的一个圆圈——或大体近乎圆圈——中间运行着，每月一周，或更准确些说，每二十七天又三分之一天一周。它是我们空间最近的邻居，也像我们一样被地球的引力束缚住。关于引力这一点，我们稍迟便会讲到。

除了太阳，月亮便是天空中显得最大的东西了。其实它只是最小的东西中的一个，看起来大，只因它离我们近。它的直径只有3474

---

① 原文采用英制单位制，在本修订本中均换算至国际标准单位制表示。

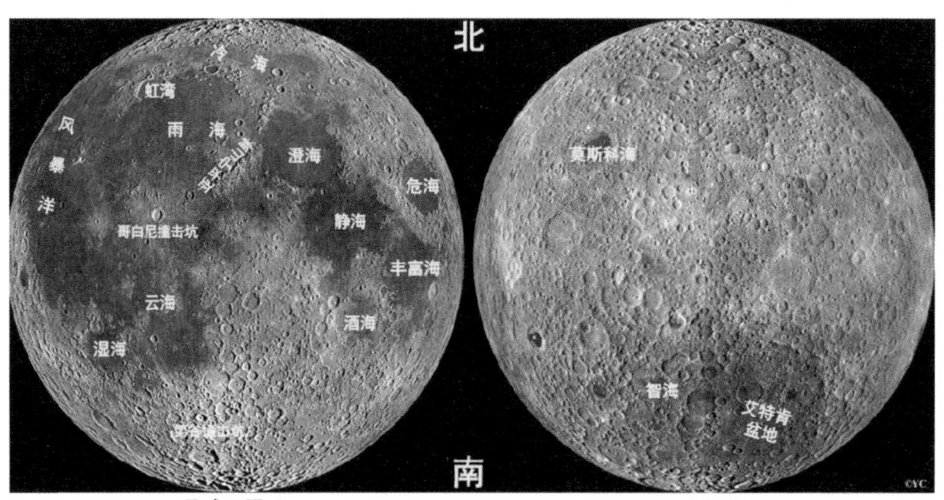

图二 月球主要地貌的中文名称，郑永春制图

公里，或说比地球直径的四分之一稍大一点儿。每月可以有一次，或更准确地说，每二十九天半一次，看到满月。当我们叫它作“满月”的时候，它的全面都很光明。别的时候它只有一部分明亮，背着太阳的时候黑暗。艺术家们会使他们的图画更能信服人，如果他们记得这一点——月亮上面只有被太阳照着的部分才光明。这表明了月亮并不自己发光。它只是反射太阳的光辉，正像半空中悬着一面大镜子一样。

可是月亮面上黑暗部分也不是绝对黑暗的，一般它的亮度足以使我们辨认出它的轮廓，于是我们说看到“新月抱旧月”了。我们看到的旧月的光明并不来自太阳，却是从地球来的。我们很知道海洋或积雪或甚至于潮湿的道路都会把太阳光反射到我们的脸上来，使人很不舒服。同样的，整个地球也可以反射足够的太阳光到月面上去，使我们能够看出那本来应该黑暗的一面。

假如月亮上有了居民，他们也一定会看到我们的地球反射太阳的光明，也是天空中悬着一轮大明镜似的；他们也一定谈到地光，同我们谈到月光一样。“新月抱旧月”的意思只是说月亮上该是夜里的一面被地光照明了而已。同样的，月亮上的居民也会有时看到我们的地球一部分完全在太阳光中，其余只被月光照明，他们也会说这是“新地抱旧地”。

太阳

计算月亮的远近很容易，因为它离地球很近。要计算太阳的远近就比较困难了，因为它离地球要远得多。我们用来测量月亮远近的方法用在太阳上便有些不太适合了。另有些与之近似但并不完全相同的方法指出太阳的距离是比 1.5 亿公里少一点儿[①]。这样一来，太阳与地球的距离便比月亮与地球的距离大差不多四百倍，这也便说明了为什么它的距离更难于测算出来。

可是看起来太阳跟月亮在天上是一样大的。常常有所谓“日食”的事情出现——月亮从太阳的正面经过，差不多正好完全把太阳遮掩

① 太阳和地球的平均距离是约 1.496 亿公里。

了。这种情形说明太阳不仅比月亮远四百倍，并且也比月亮大四百倍。它的直径是月亮的约四百倍，地球的约一百零九倍——无论在长度、宽度、高度，哪方面说来都是如此。如此一来，太阳里面足可装下至少一百三十万个地球了。

星的距离

我们刚才叙述过的这种方法，可以告诉我们太阳、月亮的距离，可是我们若用这种方法来试着测量星辰，那就会完全绝望而归于失败的。我们不久便发现我们要走一段比从格林尼治到开普敦远出不知多少倍的路才能窥测到星辰的方位有些微的变化。幸运的是，大自然帮助我们完成了一段免费旅行：地球带着我们每年绕太阳一周，因此每时每刻我们都在六个月以前所在地的正对面，这条路中间隔着太阳，两头距离有近 3 亿公里远。

这 3 亿公里是够长了，所以我们经过了这段路程以后便终于看出了星辰在空间中的方位有了些微的变更，虽然如此，我们还是需要非常精密的工具才能够测算出那方位的微细变化来。再用一用那大地测量家的方法（这一次却在大得无可比拟的比例上了），我们便能从我们自己移动了 3 亿公里以后所看到的星的方位变化中算出它的距离来了。

用这种方法，最近的星辰的距离可以算得比较准确。南天球有一颗暗淡的星叫作半人马座比邻星（Proxima Centauri，关于星辰名字的意义下面就要讲到，若要在天上找星，请看附录Ⅰ“天界指南”），被证实是离我们最近的星，但还要比太阳远出差不多二十七万倍。虽然这是所有已知星中最近的一个，可是它的光太微弱了，直到最近[①]才被发现。因此也许还有更近但更暗的星会被发现也未可知。（截至2017年，半人马座比邻星仍然是我们所知的除太阳外最近的恒星，而且我们相信天文学家已经比较全面地对太阳附近的空间进行了搜寻，发现其他更近恒星的可能性基本可以排除。）除了太阳、月亮和有些行星（见第三章）以外，全天上最明亮的东西便是天狼星（Sirius），但这颗星却离我们有81万亿公里。虽然它比半人马座比邻星要远出一倍多，它给我们的光却大了七万倍。除半人马座比邻星以外还有五颗星是已知比天狼星更近的，但因为它们虽然近却还比天狼星看起来更暗，所以它们的实际光度也就必然要比天狼星暗得多了。

天空的画册

即使我们今天晚间才第一次看到星，我们也一定能看出它们并不仅是乱七八糟的一堆光点。如果它们只是从某种大胡椒盒子乱洒到

① 半人马座比邻星发现于1915年。

天空里的凌乱的明暗光点，我们便不会看到这么一些秩序和法则存在于它们之间。我们注意天空经过了几夜之后，就会发现每一夜这种秩序都继续存留不变。每一夜看见的同样不变的明星之群，不久便会使我们想到某一些熟悉的东西的轮廓，而这样一来便会使我们更容易记得它们在天空上的位置。要在天上发现星辰间的连线，三角形、正方形、字母（如 U、V、W 之类），确是件很容易的事情。我们的祖先借助生动的想象的帮助，把这些东西看成了一具犁、一只熊、一把椅子、一条蛇……就是这样，天上的星宿便分配成为“星座”，或者说有关联的星宿的集团了。

这些星座中有的名字还是依照家常用具取的，但绝大多数却是用古希腊传说中的东西作名字的。有的几处互为邻居的星座合在一起便构成了一个传说的图画。看起来天空已被用做一种永恒的画册，当地球在下面转的时候，它便一个故事接着另一个故事地画出了古代神话的连环图画。

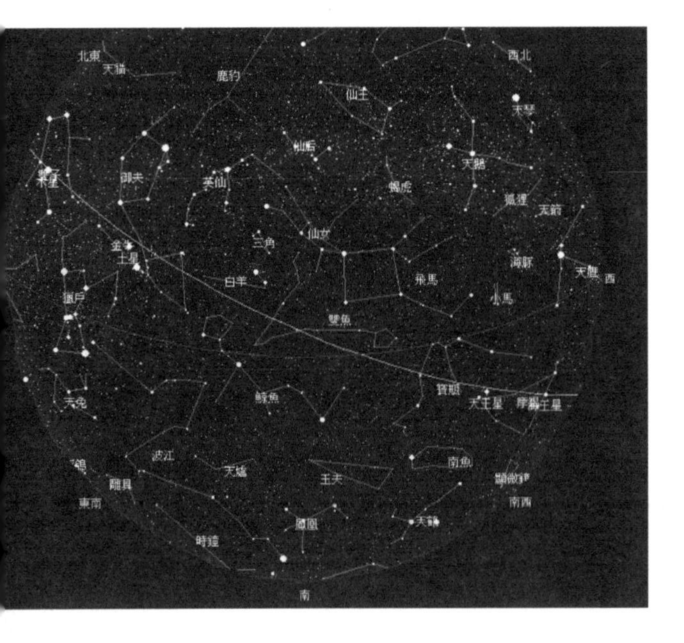

图三　秋季星空

举例说，在天上互为邻居的六个星座——仙王（Cepheus）、仙后（Cassiopeia）、仙女（Andromeda）、英仙（Perseus）、飞马（Pegasus）、鲸鱼（Cetus）——便画出了珀尔修斯（Perseus）和安德罗美达（Andromeda）的传说。靠公元前三世纪一位古希腊的二流诗人亚拉图（Aratus of Soli）的描写的帮助，我们便可从想象中看到略如下面所说的情景。

安德罗美达伸出的手臂被牢牢锁在海中的岩石上面。她的父母色福斯（Cepheus，仙王）跟加西阿比亚（Cassiopeia，仙后）在附近望着她，可绝不去救她。色福斯为了息神之怒，把自己的女儿锁在岩石上，而那因对自己女儿的美貌作了不谨慎的夸张，以致酿成这件祸事的加西阿比亚却安然坐在她的华贵的宝椅之上（它的椅子是一群形如字母 W 的较明星）。正当他们无可为力地守候着的时候，色吐斯（Cetus，或者说大海怪）被神们派来吃安德罗美达已快要来到面前。突然，帕尔索斯（Perseus，英仙）出现了，骑在飞马帕加索斯（Pegasus）的上面赶到了。他刚把一个眼光触处可使任何东西化成顽石的戈贡（Gorgon）女妖梅杜

图四　美国航天航空局拍摄的仙后座超新星残留

沙（Medusa）杀掉，手里还提着她的首级。一面匆匆忙忙下了马，踏起了一阵灰尘（一群很暗的小星），一面忙把梅杜沙的头递给海怪色吐斯看。把它化成石头，再去撕断铁链，救出了安德罗美达。同时飞马帕加索斯落在后面，入了另一群都有水族名字的星座之间去了。其中除了海怪色吐斯以外，还有一些别的鱼类——双鱼（Pisces）、南鱼（Piscis Australis）——还有一个水手叫 Aquarius（水夫，现名水瓶），还有一道河叫波江（Eridanus），诗人亚拉图说那水手已把飞马的颈鬃揪住了。

图五 猎户座

这一大群星座，我们可以在晚秋的傍晚的天空中看到。当它们向西方沉落了时，东方又出来了一大群——猎户（Orion）、大犬（Canis Major）、小犬（Canis Minor）、天兔（Lepus）、麒麟（Monoceros）、金牛（Taurus）。这幅画面中最显著的是“伟大的猎人”奥里昂（Orion），围着闪光的腰带（三颗明星一并排），带着他的狗和打猎用的兽类。他挥动着一根巨大的木棍，准备打那金牛（Taurus），而金牛正向他低

着两角要撞过来。

也会有人提到说有另一大群星座可以在某种形式下表现传播甚远的洪水传说。这一群便是南船（Argo）、天鸽（Columba）、乌鸦（Corvus）、天兔（Lepus）、长蛇（Hydra）、巨爵（Crater）。但是要用另一种解释也可以：因为船名 Argo 也是古希腊英雄耶森（Jason）带了许多人去寻找金羊毛的船，而且希腊人也有传说，说他们经过了许多艰险，始终未找到，于是女神雅典娜（Athene）便把他们全化成了星宿，这便是南船星座。

虽然大多数星座都跟神话传说有关，但至少有一个是有历史的面容的。埃及王托勒密三世（Ptolemy Ⅲ）的妻子白列丽色（Berenice）的头发之美是享有盛名的。当她的丈夫进行冒险的叙利亚（Syria）远征的时候，她在神前发愿，如果丈夫平安回来，她便把头发割下来献到阿尔西诺伊（Arsinoe）的神庙中去。后来他回来了，王后也很忠实地遵守了誓愿，她剪下了头发给看神庙的祭司。这件事发生时还远在剪发成为时髦以前，国王当然很生气。为了把这风波平息下去，那狡黠的祭司便说，王后的头发已经保存到天上去了，在那儿是可以被千秋万世的人瞻仰的。他便指出看来有些像头发的一堆星说那便是截下的头发，从此以后那些星也便得名叫作后发（Coma Berenices,或白列丽色的头发）。因此假若你想要知道那位埃及王后的头发是如何的美的话，你只要在任何春天的晚间向天空望去，它便在那离大犁或大熊（即中国北斗）不远的地方吐露光彩，尽量发挥它的光辉呢。

星的名字

当我们想在一座城中找一所房子的时候，我们首先要问它是在哪一条街上。同样情形，我们要在天上找一颗星，也要先问一问它属于什么星座。虽然城中有些房子只有一条街名和门牌号数——例如高街二十七号——但更出名更触目的房子会有自己独有的名号。天上的星辰也是如此。最明亮的最熟悉的都有自己的名字——如天狼（Sirius）、大角（Arcturus）、五车二(Capella)、织女(Vega)之类——而别的便只有一个数字与星座名字组成的编号，如大犬座第二十七号（27 Canis Majoris）。可是仅给星辰一个数字编号会使它们很不高兴，所以天文学家们先用希腊字母来做它们的名字——如 α、β、γ、δ、ε 之类的——因此一个星座中的最重要也往往是最明亮的一颗星便叫作这星座的 α，次要又往往是次亮的便是 β，再依次排下去。举例说，全天上最光明的一颗星，我们可以叫它的私人名字 Sirius（原意闪光，中文名天狼），或者以

图六　天蝎座

其“星座住址”大犬座 α 星（Alpha Canis Majoris）来称呼它，这便是说它是大犬星座中最明亮的星。因此这星也叫“犬星”（Dog-star，但中文名却是狼星）。

而天上的最暗淡的一些星就连它们的星座住址也没有了。要指明它们，我们必须把它在天上的准确地位指出来，或者如有可能便说出它在某星表中的号数。例如沃尔夫 359 的意思便是天文学家沃尔夫氏星表中的三百五十九号。

全天上最光明的二十明星的名称以及星座地址表见本书附录。

北极星

在任何晴朗的晚间，你若向正北方高处望一望，准能看见四颗相当明亮的星构成一个一角微缩进去的长方形。从稍缩的那一角拉下去便又可找到呈一道微微弯曲的三颗星。最末一颗便是北极星，看起来全天空都是以它为中心绕着转的。这七颗星连上许多小暗星便成了一个小熊（Ursa Minor）星座。长方形是身子，三颗星是尾巴，北极星正在尾巴尖上二。看起来那不幸的小熊似乎把尾巴钉在一处，自身却从东往西在天上绕着尾巴尖兜圈子。不错，全天空都以小熊的钉住不动的尾巴尖为中心运行着，每二十四小时绕完一周。

围绕着小熊跟北极星的星座都是我们最熟悉的——大熊（Ursa Major）、仙后（Cassiopeia）、英仙（Perseus）、鹿豹（Camelopardalis）

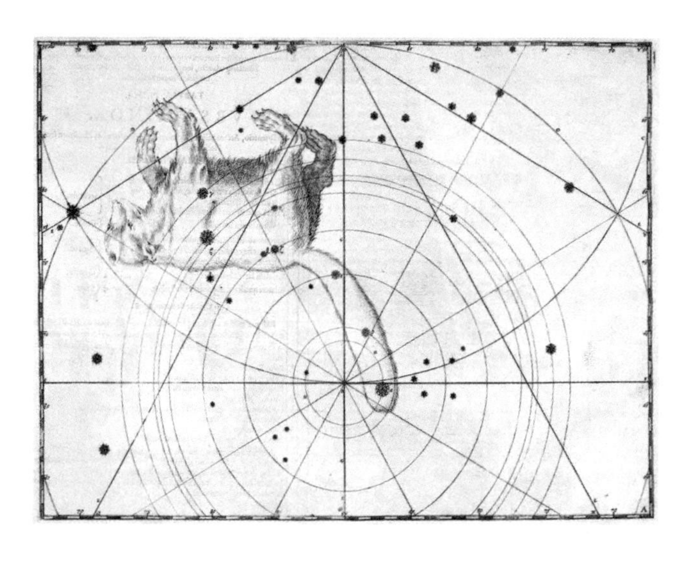

图七 约翰·拜耳，《测天图》（1603）

以及天龙（Draco）（参见本书所附星图）。我们熟悉这些星座因为它们永不沉落下去，它们在全年任何时节，全夜任何时间都可以看得见。离北极星比这些更远的有些别的星座，如猎户（Orion）、大犬（Canis Major）、长蛇（Hydra）、狮子（Les）、武仙（Hercules）、巨蛇（Serpens）、天鹰（Aquila）、天鹅（Cygnus）、摩羯（Capricornus）及飞马（Perseus）等。这些都在它们派定了的时间从东方升上来，经过天空，再向西方沉下去，于是便再也不见，一直到第二夜里才再升起来（参见本书所附星图）。离北极星更远的地方，还有许多星座是我们北半球基本看不到，非远游南方不能一见的，这便是南十字、半人马、南船、时钟、山案等星座。

天极的漫游

长久的观察使我们知道这星座的活动图画转来转去，不单是夜夜照样不变，竟年年不变，甚至人类一代一代传下去它们还是一样不变。实际上，古代的星图告诉我们，星辰的排列，确乎是与我们现在和在五千年前人类刚开始研究天的面容时，埃及人、中国人、迦勒底人所看见的一样。

可是天上有很重要的一点，却是对我们和对他们不同了。我们看见天空每夜每夜绕着小熊的尾巴尖转，五千年前的天文学家却看见同样的天空跟同样的星座绕着紫微右垣一（即天龙座 α 星）转。这颗星是天龙座中的明星，在龙尾巴中间，正是小熊鼻子前面的一块点心。

也许一起始会使人觉得很神秘，因为天上的枢轴竟会这样漫游无定，但是解释却很简单。天空这圆屋顶会以北极星为枢轴而转动，其实只因为地球自己绕着一根轴旋转，而这轴的一头便对着北极星。然而地球实际上是一个极大的悬在太空中的旋转的陀螺。当我们讨论到“陀螺仪”的时候，我们见到那旋转的陀螺的轴是要永远指着一个方向不变的，除非有什么东西干涉使它转变方向。那么假如地球的轴一直在空间中改变方向，这就一定是有一样东西永远在加以干涉因而造成这种转变了。现在我们已知道这是什么了。

我们以后（第四章）将要知道地球是被太阳的引力紧紧“揪”住的，因此才一年绕着太阳转一周。假若地球是严格的正圆球形，太阳的引力就仅仅能使它不逃到空间中去，别无其他作用了；但地球中间部分是稍稍突起的，于是太阳的引力加到这一部分，便慢慢地、可是不断地使地球的枢轴在空间中所指的方向改变了。结果它便使天上的极——地球的轴在天空中所指的地方——在天上转一个圆圈，这圆圈却要两万五千八百年才能一周绕全。这种现象称为“岁差”。

这还不完全，因为月亮也有引力作用加在地球上，这也造成了一个小小的却很快的变动，称为“章动（nutation）”，加在太阳引力所造成的更大却更慢的运动上。

由于这种运动，地球的轴在过去所指的方向便和现在的不同，以至我们的五千年前的远祖便看到天空绕着天龙座中的一颗星旋转了。也因为同样的理由，我们五千年后的子孙将要看到天空绕着仙王座中的一点旋转。

不过，天上星辰的大体位置却是五千年前和现在一样，五千年后还要和现在一样的。只是我们的地球自身变动了方位，并不是那些辽远的星辰有什么更改。但是，虽然几千年也不能使天上星辰的布局有什么可见的变化，全天上却有几个最亮的光点在很快地改变它们的位置。这些东西便叫作行星，字面的意思也便是行走不定。它们要算是天上的流浪民族，它们没有固定的“星座地址”，正像流浪的人没有固定的通信地址一样，因为他们天天都要移动。

行星

古代人知道五颗行星——水星、金星、火星、木星、土星——当然他们并不知道地球是第六颗。近代才又发现了三颗暗得多的行星——1781 年发现天王星，1846 年发现海王星，1930 年发现冥王星。（2006 年，国际天文学联合会大会通过了新的行星定义，并增设“矮行星”这一天体类别。冥王星因为质量较小，没有清空轨道上其他小天体，在新定义下被判定为“矮行星”，失去了太阳系“行星”的身份。当然，冥王星的发现仍然是非常有意义的：这是人类第一次发现太阳系边缘中所谓“柯伊伯带”中的天体。）

图八　太阳系

平常我们总可以在几秒钟内看出头顶上飞机的行动，而且它离我们愈近，我们也看见它愈走得快。天文学中的物体的运行速度比飞机快得多，往往超过成

图九 2011年的一颗大彗星——洛弗乔伊彗星（Lovejoy Comet），来自美国国家航天局、丹·伯班克

千上万倍。我们可以暂时把它们都当作一样速度看，是不会引出什么严重错误的。这样的话，任何物体经过天空运行的速度便是它的距离远近的最简捷的标志了——越是看起来走得快，它一定离我们越近。但有个必须提出的例外——便是月亮。我们不能看见它在空间的真实运动，因为它跟着我们一齐在空间旅行，可以说它是跟我们同车旅行的。

图九中的那张照片便用两种极端的情形表明了这条原则。这图的下半部的斜划着一道痕迹是一颗流星的路径（流星见第三章），它的行动竟迅速得在曝光的五分之一秒间已横过全图。靠近图中心的庞然巨物是“仙女座大星云[①]”（星云见第七章），它的行动竟慢得几百万年间也难得看出一点动静。流星跟仙女座大星云两者的速度都较飞机快过千倍万倍。但是流星离地球近，约在地球大气中离地面100千米左右，因此看起来运行得很快，而仙女座大星云却离地球有24,000,000,000,000,000,000千米，看起来便非常之

① 旧称“仙女座大星云”，实为一与银河系相当的旋涡星系，本星系群中最大的星系，故现通称“仙女星系”。实际上本书中还有多处体现出当时把星系称作“星云”的这一习惯，本版本保留原书风貌，没有全部进行修改，请读者阅读时注意这一称呼所指称对象的区别。

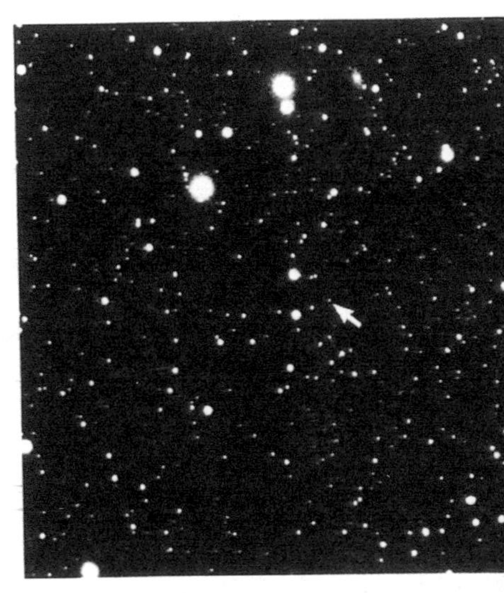

图十　克莱德·汤博发现冥王星时拍摄的图像，来自罗威尔天文台档案

慢了。

图十中的别的东西都是在这两者之间的相当亮的星。这些东西也在空间中运行着，速度也都比飞机快过千万倍。它们绝没有星云那样远，但它们的距离也得要当它用这可怕的速度行动了几千年之后，我们才看到一颗星在天上的位置有些微变化。

天文学家有个很简单的设计去考察行星和快速经过天空因而容易察见的东西。假如一群人立在照相机前拍照，时间相当长久，有一个人在正在照着的时候动了，那这张照片自然坏了[1]。这犯过失者在相片中并不像人形，却只是一个模糊不清楚的影子。利用这一点，天文学家便对一

① 照相术刚刚发明时，采用银版、溴化银干版等作为感光介质，完成曝光需要数秒甚至数分钟，极易因为被拍摄对象的晃动而导致拍不清晰。

小部分天空曝光很长时间，于是任何很快横过天空的东西都显现成一个“糊了”的影像而不是一粒明显的光点。就是在这简单的设计上加一些变化及补充，才把那些在空间离我们较近的东西发现的，其中也包括了冥王星，那是找寻了许多年才在1930年3月发现的（见第四章）。图十的两张照片便是亚利桑那（Arizona）的罗威尔天文台用以发现冥王星而拍摄的天区照片，其间共隔了三天。注意用箭头指示的区域，便看得出这期间它们显然移动了，这移动便说明了它的行星的性质。

孤立的宇宙“殖民地”

我们曾指望从这些走得快的东西和走得极慢甚至我们看不出来而称为“恒星”的东西之间找出居中过渡的天体，可是我们找不到。只有截然不同的两类，其间没有中立调和的东西。这中间的道理很简单。我们的地球属于一群几乎完全在空间孤立的天体，因此所有的行星和属于这一群的东西都要比恒星中最近的还要近得不知若干倍。它们看起来走得快，只是由于一个简单而且纯粹的原因，便是它们离得近，可绝不是因为它们在一小时之内走了极多的距离——实际上它们中间的大部分都在一小时之内要比恒星慢好些呢。恒星中最近的还要比太阳约远二十七万倍，因此比我们直到今天所发现的最远的行星冥王星还要远七千倍。（现在，我们已经发现了上百颗比冥王星更为遥远的柯伊伯带天体，但其中最远者，到太阳的距离约 100 倍天文单位，约为冥王星的 2 倍仍然只有我们到邻近恒星距离的数千分之一。）从冥王星来的光要经过四五个小时才到达我们，但从最近的一颗恒星来的光却要过四五年才能到。这便很明显地表示了我们的太阳系在空间中是怎样的完全孤立了。这孤立的程度比一个人在地球上最荒漠的区域中住着还要加若干倍。我们平常说人的住宅是孤立的，只要它离别人有几里路，但是如果太阳系是英国的一个小小村落的话，那么它的最近的邻居——最近的恒星——依同等比例说，便一定要放在非洲或者西伯利亚了。

这孤立的一群天体中的主角自然是太阳了。我们也可以很正当地认为它也是一个大“行星”，虽然它要比任何行星都更大更亮了无数倍。跟行星一样，它也不断地在更遥远得多的恒星所构成的星座背景之前移动。平常我们看不出这种运动，因为太阳光把别的星光都掩蔽了。但是在白昼也能从望远镜中看见星辰的天文学家却很容易追随这种运动，而且，实际上我们也可以不用望远镜间接证明它。太阳是正午时在南方，因此半夜子时一定在刚刚相对的地方（北方，但在地平线下）。如果我们向南方每当正半夜看去，接连若干夜，我们一定会看到在同一方向上，每夜的星空都略有不同，这不用说是指出正在对方的太阳也每夜在天上不同的位置了。

直到中世纪，虽不是全体一致，一般人却都认为地球是这一群天体的中心，当然也是全宇宙的中心了。那时都相信太阳、月亮及行星，都是固定在一个透明的球壳上面的，而恒星就在更远的地方绕着中心地球转，因此也成为它们的背景。到了 1543 年哥白尼（Copernicus）发表了他的大作《天体运行论》（*De revolutionibus orbium coelestium*），他说如果地球和其他行星一样只是一颗行星，而且所有的行星，连地球也算上，都绕着中心太阳转，这样解释的话，就要简单得多。许多人都认为这种理论比一个空妄猜测高明不了多少，直到被伽利略及他的后辈的望远镜的观测证明了的时候，才知是真。但是现在已经完全不容置疑地建立起来这种理论了：我们这小空间中的一群天体的中心是太阳而不是地球，而地球也跟这一群中的别的小家伙一样绕着中心的太阳转动。

紫色宇宙星辰

第二章

时空初旅

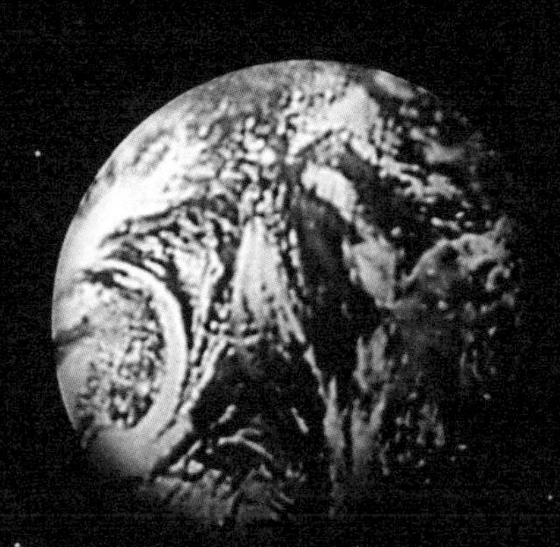

大气所做的打碎太阳光的这种工作便是地球上的大部分美景的来源：一整天的蔚蓝天空，日出日没时鲜明的橙色和红色，日出日没时的云霓的神仙世界般的彩色。黎明与黄昏时的神秘的韵味，群峰间的粉红的晚霞，远山笼罩着的暗紫，晚间西天的苹果绿以及东天的靛蓝——其实所有的艺术家所描写的大气中的景象都是这种工作所赐的。

我们是不能亲自去实地考察太阳、月亮、星辰里究竟有什么的[①]，但我们的大望远镜却可以把它们搬到我们附近来了，因而结果也就差不多像我们去了一样。这样一来，整个空间就摆在我们面前任凭考察了。只要我们不碰上望远镜不能透过的黑暗的东西（实际上那些阻碍光通过的东西也可以帮助我们理解宇宙，例如会使恒星消光及红化的星际尘埃，就是恒星形成与星际介质演化过程中不可或缺的“维生素”），我们是总有办法的。即使到那时候，数学家们的计算也还准备着要把我们的观测推演下去。举例说，近年来已经有不少的工作用在恒星内部构造的研究上面了。望远镜的观测和对天体物理基于数学的理解供给了我们一种魔术的火箭，这火箭便差不多可以把我们带到空间中的任何地方，只要我们想去。

① 将近一个世纪之后，现在我们也还只是“亲自”到过月球进行考察，对太阳和恒星，人类仍然是只能远观而不能近赏。

神游太空

让我们先进到这神奇的火箭里面，再求一个人把我们这火箭对准太阳放去。在开始时我们只需要够把我们送出地球外的很短的距离去的速度——一秒钟 12 公里就行——以后的事便可以由太阳的伟大引力去办。这引力会把我们硬拉上太阳去，并不管我们愿意不愿意[①]。假如我们开始的速度是一秒钟 12 公里，我们旅行的全部时间大约要十星期之久。

就在我们开始飞行的几秒钟之内，我们已经觉到一些奇怪的改变了。宇宙四方的整个颜色，很可惊地在突然间改变了面目。天空很快暗淡下去，最后竟黑得如同深夜，群星又在上面闪烁着。但我们在地面上所习见的星星的闪烁却没有了，星辰都像钉住不动的光点一样。同时太阳也变成坚不可破的钢铁般的白色，它投射出来的光影明暗也界限分明。大自然似乎仅在很短的时间之内，就失却了它的美貌的一大部分，失却了它的所有的温柔，其中的原因便是几分钟的工夫已把我们完全送在地球的大气层以外了。一丢开大气，我们才真切知道它的化刚为柔的能力曾经给了我们多少生活中的快乐。

让我们停留一会儿来想想这件事的科学的原因。假定我们站在一处平常的海滨码头上，望着波浪汹涌而来冲撞码头的铁柱吧。大的

① 原著在此处犯了一个错误：12 千米 / 秒（或曰第二宇宙速度）是脱离地球引力的速度，但并非可以抵达太阳的速度。由于地球绕日公转速度约 30 千米 / 秒，脱离地球引力后，航天器仍然处在绕日椭圆轨道上，需要减速消除相对太阳的切向速度才可以在引力的作用下被拉到太阳上去。

波浪几乎毫不介意那些柱子——它们向左右分开，过了柱子又重新会合，好像一大队兵士在路上遇见了一棵树一样，看起来简直这些柱子根本就不存在似的。但是小的波纹跟水面的涟漪却不然了，在它们说起来，码头上的铁柱子便是很可怕的障碍物。小的波纹冲上铁柱的时候便被打回去再向各方面泛起新的涟漪。用术语说它们便是被“散射”了。铁柱子这障碍物似乎不影响长大的波浪，却散射了短小的涟漪。

图十一 外太空的漩涡星系

我们现在所看的这种情形便恰好是太阳光努力通过地球大气时的情形的写照。在我们之间，在地球上面，在地球外的空间中，大气安放了无数的障碍物，这便是空气的分子、水的微粒，以及极渺小的尘埃。这些东西便可以用码头上的铁柱子来代表。

海波是用来代表太阳光的。我们知道太阳光是各种颜色的光的混合——这是我们自己可以实验的，只要把它透过三棱镜，甚至透过一瓶水便可看出来；或者大自然也自己给我们做实验——当太阳光透过夏天骤雨的雨点造成一道彩虹的时候。我们又知道光也是有“波”的，颜色不同的光便有长短不同的“波”，红色的光波长，蓝色的光波短。太阳光中的各种光波必须努力通过在大气中遇见的障碍物，就如同海边的各种波浪都得努力闯过码头上的铁柱子。而这些障碍物对待光波也就好像码头铁柱对待海波一样。红色的长光波不受什么影响，蓝色的短光波便被散射了。

这样一来，太阳光中的不同的成分在努力通过地面大气的时候也就受到不同的待遇了。蓝色光波便会被一粒尘埃散射，因而出了它的正轨。过些时候又碰上一粒尘埃，再出了正路，如此这般，曲曲折折地传到我们眼里来，就像一道闪电走过的路径一般。所以太阳光中蓝色光波便从各方面达到我们的眼里了。这就是天色蔚蓝的真实原因。可是红色光波却是不受大气阻碍一直往前射进我们眼里的。当我们向太阳望的时候，我们所看见的主要是这种光线。它们并不是太阳光的全体，只是在大部分的蓝色光波已被大气的障碍物滤掉了以后的剩余。这一过滤自然使太阳比它入大气之前要红了。太阳光遇见的障碍物越多，蓝色就越被逼走得多，于是太阳显得越发红了。这道理便可以解释我们透过一层雾或一团蒸气去看太阳时觉得太阳异常之红的缘故。还可以解释为什么日出日落的时候太阳特别红——因为太阳光从一种很倾斜的方向射过来，就必须通过很多很多的障碍物才能达到我们眼前。还可以解释那些极美丽的落日奇景，那是我们从大城市的充满烟雾尘埃的空气中去望落日时常可见到的——或者在一场火山爆发之后去看更好，因为那时全地面的大气中都充满了火山灰尘的微粒。

依照这种情形，地球的大气便打碎了太阳光。真正的太阳光，刚离开太阳或者还在路途上并未接触地球的太阳光，是一种许多的太阳的颜色的混合，可是这许多颜色在我们看来就已被地球的大气所打碎了。要想把那种颜色重新造成，我们就必须把天空的蓝色和从太阳直接传来的红色或黄色混合起来。这便是我们的火箭把我们带出地球的大气时所见的钢铁似的白色。

大气所做的打碎太阳光的这种工作便是地球上的大部分美景的来源：一整天的蔚蓝天空，日出日没时鲜明的橙色和红色，日出日没时的云霓的神仙世界般的彩色。黎明与黄昏时的神秘的韵味，群峰间的粉红的晚霞，远山笼罩着的暗紫，晚间西天的苹果绿以及东天的靛蓝——其实所有的艺术家所描写的大气中的景象都是这种工作所赐的。但当我们一离开了大气把这些都丢在身后，便进入了一个严酷的世界中，这里只有严格划分的光明与黑暗，中间丝毫没有调和的颜色存在。我们这时才第一次看到了真实的太阳——一个鲜明而略带蓝色的光球。我们看到它在一个黑如深夜的天上，因为已经没有地球的大气来保留它的光辉并且把它们散布于各方了。我们的火箭便是要把我们带到这么一个古怪可怕的东西那里去。

近观月亮

我们如果够聪明，便会把我们出发的日期定在新月初现的前后，因为那时我们的路径会恰好经过月亮的附近，我们便有机会给它做一个切身的研究了。在我们身后，地球的表面看来又暗又模糊，因为我们看它时要透过一层厚厚的空气、尘埃、雾、云，以及这儿那儿的雨雪。一比较起来，月亮便显得异常清楚而且边界分明了。原因是它没有大气，所以也就没有什么雨、云、雾，或者灰尘一类的东西来阻碍我们的视线了。

就是从远处看，我们也可以知道月亮上是没有水的。假使那儿有海、湖，甚至于江河，我们就一定会看见它们在强烈的太阳光下闪光的，可是那儿既没有城市，也没有田野，更没有森林。我们所望见的只是一个死了的世界。

1835 年，纽约一家报馆曾经造过一次谣言，这便是后来尽人皆知的“月亮大骗案”。这家报纸发表了许多伪造的文件，扬言是由南非一架极大的新望远镜中见到的月亮的真容。有一些大得惊人的树，稀奇古怪的兽，空中乱飞的人，还有一些和地球上大不相同的东西。这些文件居然大大增加了这家向来不知名的报纸的销路，竟使它可以自夸为有全球任何报纸所不及的最大发行量——这刚好是人类对于别的世界有无居人这问题异常热心的极有力的证明。

但是从我们的火箭中看到的图画却和那家美国报纸所画的截然不同。我们所看到的月亮的表面大部分是广袤的平坦的旷野，一点耕种或者任何生命的痕迹都没有。一大部分的地上散布着圆形的突起的东西，看来好像熄灭了的火山的喷火口的边缘，这大概也正是它们产生的原因。（现在我们已经知道，月球上的环形山基本上都是流星体撞击形成的。原书认为月球上的环形山成因是火山，是由于当时认知的局限。原文上下文有相关表述的，请读者不要误会。）许多这样的火山口中都可以放进去一个英国的州郡，比四个比得文郡（Devonshire）还要大，而最大的一个，毛洛利古斯（Maurolycus）就恰好可以把威尔斯（Wales）整个装进去。我们还可以在这儿、那儿见到极大的锯齿形的山峰跟连绵的山脉，都切削得锋棱毕露峻险陡峭似乎刚才生成的一般。我们地球上的山峰都经过了千百万年的雪、雨、风的风化剥削，可是在月球上我们却看不出风化的痕迹。假使有一天空间中的火箭飞行成了常事，那些山峰恐怕会变成那些爱爬山的人的无上乐园。

图十二　维苏威火山及附近地貌，图片来自美国国家航天局。（原书作者试图以此来说明月球上的环形山也是火山，而这已经被证明是不对的。月球上的环形山大部分是撞击坑。）

太阳把这些锯齿形的边缘的暗影投射在下面的平坦的沙漠上，所以在很小的望远镜中我们也可以看到一些可惊奇的尖峰跟山脊。其中有一道山脉，我们叫作亚平宁山脉，约有760公里长，有三千多个山峰（斜过图十三的下半）。其中最高的雨更士峰（Mount Huygheus）有一万九千尺高，而另外两个，勃拉得利峰（Mount Bradley）跟哈得利峰（Mount Hadley）也有一万五千多尺高。这山脉的北边是一个大平原——雨海（Mare Imbrium），山峰壁陡的在平原边上，好像临海的一带悬崖峭壁。

月亮上面的山峰除了风景而外还有一些引诱爱爬山的

图十三 雨海，来自美国国家航天局月球勘测轨道飞行器

人的地方。在月亮上面，吸力只有地面上的六分之一，所以一个人可以跳得比在地面上高过六倍，可以爬六倍的高度不致吃力，还可以从六倍高的高处跌下不致受伤。可是，因为月亮上面没有大气，所以去爬山的可别忘了带些氧气去。

月亮的引力的微弱也便解释了它为什么没有大气。我们的火箭刚好能跳出地球之外，是因为我们开始时用了一秒钟 12 公里的速度——假如我们的速度稍微小一点我们就一定会再跌到地面上来的，就跟平常放一粒枪弹出去，或是一棒把球打了出去一样。地球的大气中有多少万万的分子微粒在用很高的速度飞射——约一秒钟几公里但它们都绝不能达到一秒钟 12 公里的速度以便逃出地球以外，因此它们还是不断地像球一样地落下来，于是地球便保持了它的大气。

然而，一秒钟 2.6 公里的速度投射出去的东西就可以跳出月亮奔向太空中去，只要它有这样高的速度推进至空间，月亮的引力就微弱得不能拉它回来了。而且，月亮永远把同样一面对着地球，一月才绕地球一次，当然月亮也就是在空间一月自转一次了，于是它上面的任何部分一到了太阳光下就非晒过整整两个星期不能脱开了。结果便是弄得非常热，它的温度竟达到 90 多摄氏度，较开水的温度相差不远了。假若月亮也有大气的话，在这种极高的温度下，它的分子运动也便要达到很高的速度。一计算便可知道它们常常超过了那临界速度——一秒钟 2.6 公里的速度，因而常常飞向太空一去不回了。这便是月亮怎样失去了它的大气的故事。

虽然乍看来月亮好像是一所爬山者的乐园，可是仔细考虑便会看出，它到底不是一处舒服的地方，不论你是要做一个假期的短期逗留，或者是长期的居住。一个月球旅行团不单要带着他们自己的氧气的供给，还得要准备着在太阳光下的那一面过 90 多摄氏度的温度中的生活——实在说来，在日光直射下，这温度还要达到 118 摄氏度，或者说沸点上 18 摄氏度。如果嫌这一面太热，唯一的办法便只有逃到阴暗的那一面去，可是那边情形更坏，那边的温度是零下 153 摄氏度——还有什么办法呢？当然只好回家去咯。

月的构成

此外，月亮的表层也还不是很舒服的可以居住的地面。墨东天文台的略特（M.Lyot of Meudon）曾做了一番实验工作：他把从月亮表面上反射来的日光和各种不同的泥土、黏土、白垩、岩石上反射来的日光相比较。他发现月光几乎完全可以和火山灰上反射的光相吻合，却几乎一点也不能和他所实验的许多其他物质上反射的光相合。（当时的天文学家只能通过简单的光谱观测来推测月球岩石的成因和月球的历史。在此后的几十年，人类实现了载人登月，取回了月岩样本，对月球全球进行了更细致的高分辨率遥感观测，因此对月球物理、化学的理解早已远远超出此处所述。）这个实验使我们很可以相信月亮的表面是由一种火山灰构成的，而且这还极与月亮的一般景象符合，因为月亮的表面看来本就像一个死火山的博览会。这些火山和地面上的火山相似得厉害，这是我们从图十二中看到了的。

火山灰有一种特性，它是几乎完全不传热的，像用在保温水管上的石棉一样。如果月亮的外层确是这种物质所构成，那么太阳所散布在它的向阳一面的热就不能深入，于是月亮的内部也就不能和外层一样经受那种剧烈的气候变化了。计算表明月面在太阳光下晒两个星期后温度可以到沸点，但表层下面只一厘米仍然在冰点以下。正像一厘米厚的石棉可以阻止我们的热水管的热逃出一样，一厘米厚的火山灰也就会阻拦太阳的热传进月亮内部去。这并不是空洞的想象，差不多是很正确的表示了月亮上面的真实景象。两位威尔逊山（Mount Wilson）上的天文学家，帕第特与尼可尔森（Pettit and Nicholson），曾记录了一次月食时的月亮表面的气温变化。他们发现当地球的影子一掠过月面，切断了太阳方面的热量供给，月表温度便突然降低，从 90 摄氏度降到 -102 摄氏度或说冰点下 102 摄氏度——几分钟内降下了212摄氏度！我们时常体验到日食时地面上气温的显著变化，当月影一切断我们的阳光供给时我们便感到一阵凉意，但绝没有一点可以与月表那种剧烈变化相提并论。原因便是我们的土地与大气中的热的储藏使气温不致急剧降低。月亮表面从热到冷的戏剧性突然变化也便证明了它没有贮藏热量的物质。话说回来，这也显示了太阳的热力只能透过月亮表面的很薄的一层，于是月亮气温变迁的迅速也就完全与说它的表面是火山灰构成的假定相符合了。

金星与水星

现在月亮非常明显的已不是可以久居之地了，我们还是依照原来的计划让我们的火箭把我们带到太阳的方向去吧。月亮之外，我们在空间中的近邻便是金星。如果我们的旅程恰巧打它的旁边经过，我们也不会看见什么有趣味的事。它仅仅是一个和地球差不多大的球体，完完全全包在云雾里。

但是经过金星后碰到的水星，却会有使我们流连的地方。它比地球小得多，十六个水星化成一个才刚够一个地球大。它也确乎不比月亮大多少。和月亮一样，它也完全没有大气，这又是因为它的引力太小保留不住的缘故，因此它的表面风景也就会很有鲜明特别的色彩了。在另一个方面它又很像月亮：月亮是被地球的引力捉得太

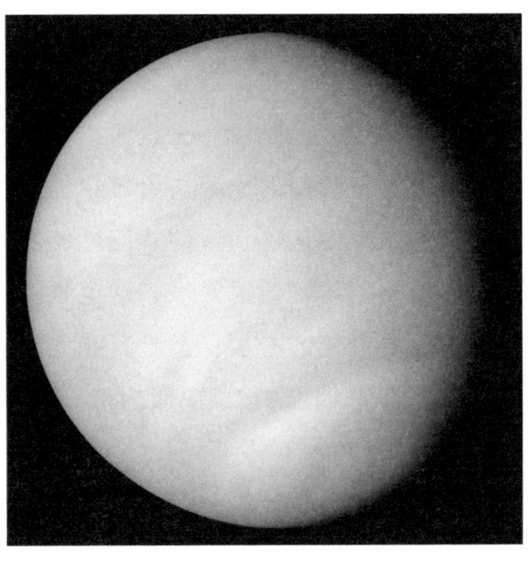

图十四 左图为紫外波段的金星，右图为可见光波段的金星，来自美国国家航天局

紧因而不能自己转身只好把一面对着地球的；水星的情形也与此相仿，它是被太阳的引力捉得太紧因而也永远只有一面向着太阳的①。我们已经知道月亮的表面在太阳光下烤过两星期之后是怎样奇热的。水星向着太阳的半球却在比这更坏得多多的情形中，它是永远在距离近得多的太阳的光下烧烤着的，因此也就一定热得异常可怕了。假使那上面有河流的话，河水就非熔化的铅或同类的东西不成，因为那过度的热要把任何寻常的液体蒸发干净的。还有一方面水星也很像月亮。水星表面反射来的光也只可以和火山灰上反射的光相合，所以水星的表面大概也就和月亮的表面一样是这种质料构成的。照这样说

① 此处有误：水星自转周期为 58.65 天，公转周期 87.97 天，形成了 3 ： 2 的共振，并非只有一面朝着太阳（自转周期等于公转周期才会只有一面永远朝着太阳）。

它的景象也会是一些死火山的陈列，但我们的火箭却没有把我们带得离它更近以便看看究竟是不是。

太阳的外表

现在我们到太阳去的旅程已过了不少了。甚至当我们经过水星的时候，它看来已经比我们初从地球出发时所见要大过七倍，所以我们离它更近些的时候它就在我们面前遮住了大部分的天空，于是我们要开始好好地看看它的外表了。很显然的，太阳不是如同月亮和水星一般的死世界。恰好相反，我们看不见一点停着休息的东西，一切都在剧烈的运动中，整个表面都在用各样不同的方式激动、沸腾、喷发。我们很能明白它为什么一定要这样。太阳的内部是一所极大的发电厂，永远工作着一刻不停。太阳内部产生的能量让它变得极端炽热，于是极大的热流便奔向表面，再从表面

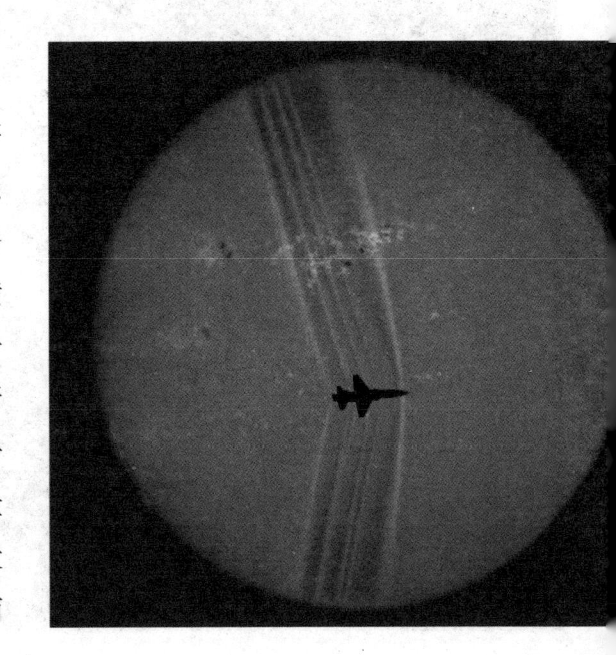

图十五　钙K线波段的太阳和飞凌日面的飞机，来自美国国家航天局

用辐射的形式灌注到空中去。太阳表面上的每一平方厘米都要设法撇开去240千瓦的能量。因此它就绝不能静待压力消去。我们看到它处处都在沸腾——可以说是最上一层翻开来把它的最热的一面向着外面空间以便里面关闭着的热的放射，得以更快地全放出来。

可是这样不够，还有一些随处可见的极大的火喷泉，被叫作“日珥”的东西，喷射出太阳表面几十万公里去。简直好像太阳表面还不能够把从里面来到的能量及时发射出去，因而不得不造出一个额外的巨大机制，产生出许多

图十六 太阳表面跃起的日珥，来自美国国家航天局太阳动力学天文台

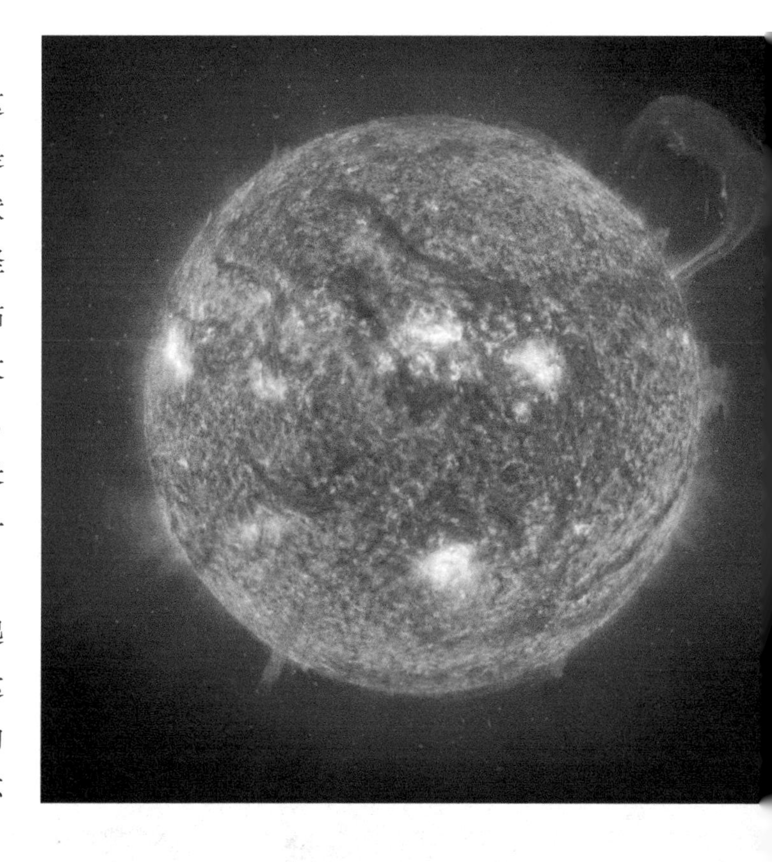

火的喷泉、瀑布、拱门来协助。这些东西通常都是绯红色的，形状常常是极其古怪的。有的几乎站着不动，像在太阳中生了根一样，可是又有一些长得非常迅速，一分钟几千公里。有的竟完全跳起来脱离太阳，达到几十万公里的高度，一路上不断地改变形状。

图十七　太阳表面的巨大日珥，来自美国国家航天局

一个突起的日珥可以在初起时像极大的红色蘑菇，落下去时像一株热带的大树，或者像一只凶猛的深红色的疯狗，或者比拟为更加古怪的太古时的洪荒野兽。图十六是1919年日食时所摄的日珥照片，看起来恰似一只大食蚁兽，这兽的身材从嘴到尾有56万公里，可以把整个地球当一粒药丸吞掉。拍完这张照片以后，这动物的嘴跟尾巴都离开了太阳抛进空中去了。接着它又增加了许多条腿，开始向上跳起来。它跳得竟有76.4万公里之高，后来太

阳落了，我们便没有能够再继续看它以后的奇怪形状了。

这种恢诡的深红火焰的建造物还不是太阳表面的唯一景致。我们还可以随处看到巨大的黑暗的张着嘴的洞窟，看起来好像正在喷火的火山口一样，从里面喷吐出火焰和太阳内部的东西。在地球上我们称之为太阳黑子。可是现在我们到了它们面前便可以看出，不论它们是什么，可绝不是黑“子”了。它们中间有许多都大得可以使我们的整个地球掉进去，像煮硬了的鸡蛋掉进什么罅缝中去一样。

现在太阳几乎把我们面前的全天空都遮住了。我们看它是一个越来越近的鲜活的火的圆盘，不久我们的火箭便要撞碎了，我们振作精神准备抵抗这一下震动。现在火拱门、火喷泉都不仅在我们周围，并且在我们的上面盖过我们了。我们进了太阳的火烈的大气之中了，因此我们的周

图十八 氢Hα谱线波段的太阳局部，来自美国国家海洋和大气管理局

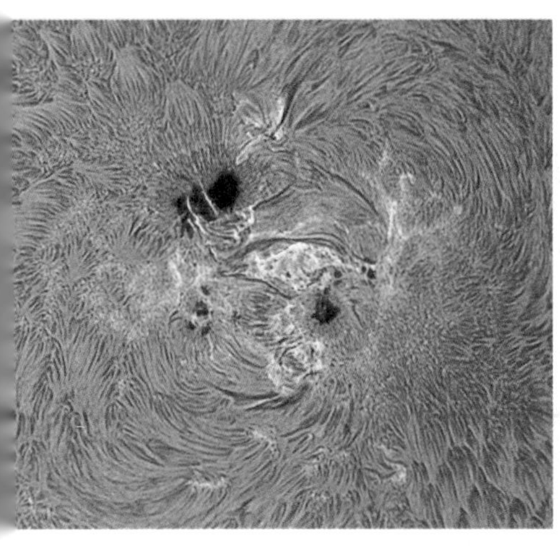

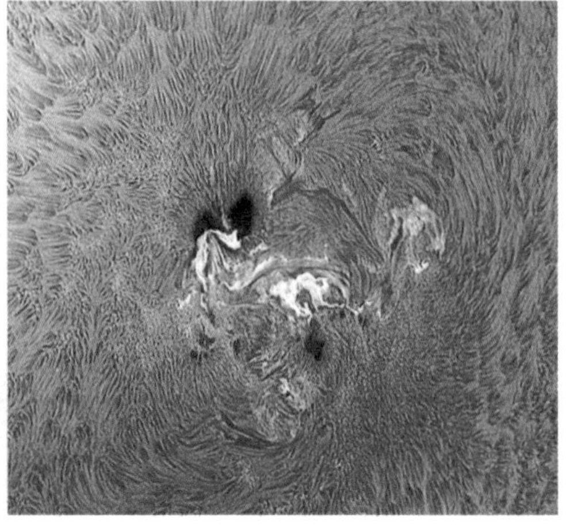

图十九 按大小比例绘制的太阳系主要成员，从左到右依次为水星、金星、地球、火星、木星、土星、天王星、海王星，来自美国国家航天局

围便明亮了起来。假如我们弄一点这种大气到我们的火箭里来，分析一下，我们便要发现它的构成和地球上的大气一样有轻的气体，但是它还含有重的金属物质如铂、银、铅之类，以及我们地球上所有的物质的大部分，即使不是全部都有。这些东西都在太阳的大气中，都变成了气体，因为热度太高使它们都不能保留固体或者液体的形态了。我们未离地球时就已经知道了这种情形，因为那叫作光谱仪的工具已把太阳光分析了，并且告诉我们这些光都是从哪些原子里射出来的。

太阳的内心

我们还在等着撞上太阳去，等着，等着，还是撞不到什么。我们要在太阳里面走过几百、几千，甚至几万公里，还是一点硬的表面都碰不见。渐渐我们便明白是怎么回事了。我们已经到了太阳的内部了——可是碰到的只有气体！连太阳表面都热得使任何物质不能保留固体或液体的形态了。到了里面当然更热，所以一切也当然化而为气了。在地球和月亮上面，也许在所有的行星上面，有从大气到固体的截然的分界，但在太阳上，在普通的恒星上，却绝没有这种分界的。由大气渐渐进入恒星的主要成分，但这成分和大气却是由同样东西组成的。既然没有坚硬的关防阻拦我们的火箭的行进，它的动力也就可以把我们一直带到太阳中心去了。

当我们经过太阳表面的奇象，经过那些火焰的喷泉与拱门以及绞卷着的火焰生长物之际，我们的温度计上已经是三四千摄氏度了；到了我们已完全浸入太阳的大气之中的时候，便已是五千多摄氏度了。在那儿我们从火焰的幕后对地球张望了最后一眼，后来火焰就把我们裹上了。以后我们闯进了太阳的内部，已被太阳的火光完全包围，我们的温度计便极其迅速地将度数升高，不久它就到了几百万摄氏度，现在我们既已离太阳中心不远，那就差不多要有两千万摄氏度了。我们回到地球上去的时候，恐怕很难造成一个这么高的热度的概念，不过一件简单的事便可帮助我们去想象。假如我们从袋内拿出一枚平常的银币来，将它加热，加到和太阳中心的热度相去不远，那时它的热力会把几千公里以内的活的东西都烤焦了。

假如可能的话，我们火箭周围所受的压力是还要比气温更加可惊的。在地面上大气的压力大约是每平方米十万牛顿，就是说每平方米要能承受大气的这样大的重量，于是我们便叫它作一个标准大气压的压力。在一架新式特别快车的火车头中，它的气锅中的压力是二十个标准大气压上下——这也就是说气锅中的蒸气的压力比外面空气中的要大二十倍。可是太阳中心的压力却有了差不多四百亿倍标准大气压。地球的大气在地球表面上造成了一个标准大气压的压力，比这大得多的太阳全部物质的重量在太阳中心造成了四百亿倍标准大气压的压力。

平常把一样东西加热，它就会膨胀，而把它放在高度压力下，它就会收缩。太阳中心的物质要膨胀，因为它有两千万摄氏度左右的高热，可是又要收缩，因为它受到四百亿倍标准大气压左右的压力。这两个相对抗的势力的拔河竞争结果是压力胜利，可是也只胜了一点儿。太阳中心的物质并未受到极其巨大的压力——因为极度的热不答应——然而，我们一会儿就知道，在地球上还是没有任何东西可以和它被压缩的程度相比的。

原子也都粉碎了

我们已经看到太阳表面的几千摄氏度的热力已能把眼前的物质变成气体。它还不仅把冰融化成水，再把水蒸发成气体；它甚至把气体的分子间的联结解散，再把每一个分子打碎，使它还原成为三粒原子——氢二、氧一。这些都是我们这次旅行出发之前就知道的，因为我们的光谱仪已经告诉我们实际上所有太阳以及星辰的光都是从破碎还原成为原子的分子发出来的。只有从极少的最冷的星上我们能找出少数的完整未破的分子来，而这些也都是属于特别坚固的种类。

在较热的星辰的大气中，我们的光谱仪指出连原子也要被高热打碎了。每一原子有一最重要而且最大的东西在中心，我们叫它原子核；在它周围又有一些次要而且次大的东西叫作电子。所有的电子都完全相同，所以可以互相调换。可是原子核却是既不相同也不能交换。一粒氢原子的原子核是和一粒氧原子的原子核毫无共同之点的。其实也就是这种原子核的不同造成氢氧的整个不同。

那么这便是所有的原子的构成了：一粒原子核，若干粒电子。所有这些小东西上都带着电，因此每一原子核便可把它的电子吸引在它的周围。它把两个离得最近的捉得最紧；另外一些（往往是八粒之内）离得稍远也就捉得稍松；剩下的一些离得更远，自然更松了。其实原子最外层的电子都是松的，连蜡烛或煤炭燃烧的温度都可以将它们分解出来。这样一来我们当然要想到，在更高得多的太阳和星辰的温度中会有不少的电子被解散了。一粒完全的氧原子包含一粒原子核和绕着它的八粒电子，我们的光谱仪告诉我们最热的恒星的大气中许多氧原子都失掉两三粒以上的电子。因此我们到了太阳的中心，在几千万摄氏度的高热中，氧原子也一定要完完全全粉碎的。我们已知道了氧原子核捉住它的最近电子的力量，那力量是抗不住太阳中心的可怕的高热的。严格说来，太阳中心已没有了什么氧原子，只有无数来回乱窜的原子核和电子的大集合。还有一些别的原子的完全粉碎了的碎片，大家都慌张错乱地飞来飞去。

所有这些东西都在用可怕的高速度运动，这自然主要是由于极高的温度。假使我们能够测算碎了的电子在我们火箭窗外飞掠过去的速度，我们就会发现它们平均是每秒钟五万公里左右——比一粒寻常枪弹的速度大过十万倍。我们便可以很明白地看出这些原子的碎片再也不能重新造成完全的原子，因为它们都在这样高速度又这样不断的轰炸之中。

时间中的旅行

在我们把火箭转过方向回到地球之前，我们再使它做一件它完完全全能做的事：使它带我们在时间中走一趟回头路。

将我们在时间中倒回三十亿年左右，再巡游到离太阳不远的空间中来等着一年一年过去。严格说来，这时还没有年，因为一年便是地球绕太阳一周所费的时间，而现在我们所处的境界中并没有地球这东西。我们所到的时间不仅在人类踏上地球之前，简直还没有地球来给他们踏上去。

可是我们却觉得太阳和今年的差不多一样，只是多少大一点儿，亮一点儿，热一点儿。我们往回跑过的这三十亿年在太阳的生涯中不过一天，在这短过程中间它简直没有怎么觉老。（虽然30亿年在太阳寿命中占据了不小的比例，但是这期间太阳的外观和性质几乎没有变化。）

在另一方面，天空却完全不是我们的基督纪元后一千九百三十一年[①]的眼睛所能认识的了。星辰的运行在人的一生中原没有多少，但在三十亿年中却变得使我们一点也认不出那些熟悉的分界或星座了。天空对我们生疏得如同南半球的天空对于一个刚从北半球来的旅客一样。

千百万年流转过去，天空的面貌也继续不断地更变。星座变换它们的形状，星辰因近来或远去而改动光辉亮度。某时期中的最明亮的星会退隐到极其暗淡以至于不见。我们见到全空中少有一颗星像今日的天狼星这样明亮，我们那时便开始知道了天狼星之明是联合了它的很近的距离与它的很强的固有光辉，而这种联合却是比较少有的。然而至少会有一个时候连天狼星的光彩也完全被超过的。

我们的世界降生了

当我们在二三十亿年前的太阳附近巡游并瞻仰这永变不息的天空活动图画的时候，我们见到一颗星渐渐增加光明以至于盖过全天空的星光，最后竟比现在的天狼星还要亮得多多。它的亮与其说是

① 本书成书于 1931 年。

由于它的固有光辉还不如说是因为它离得近，它也确乎是离太阳太近了。我们一面看着它，它一面越来越近，它几乎是一直向着太阳闯来。它已经不是一个光点了。我们看它好像一个大圆盘子。现在它已经来得这样近，它的力量所产生的物理的效应也开始显现了。月亮因离地球太近便把海洋吸成潮汐，同这一样，那更大得无限的星体也因离太阳太近而把太阳的火焰大气吸成潮汐了。因为这星比月亮大得简直不可相提并论，所以太阳上所起的火潮也就跟月亮在地球上所引起的海潮简直不能相比较了。这火潮大到后来竟在太阳上正当那星体的一点涌成一座高有千万里的大山。这高山在太阳面上移动，永远对着那颗引起它来的星体，随着那星体在空间中的移动路线。在太阳面上的与此正对的反面一点也起了另一座较小的山峰，永远与这大的针锋相对。星体越来越近，

图二十　正在并合的两个星系，来自美国国家航天局哈勃太空望远镜

浪山越来越高，直到最后，那颗星已经近得掩蔽了天空的一大部分时，新的事件便出现了。直到此刻，那星体的引力都在拉着大山的顶峰与太阳的引力抗争着，可是太阳总占优势。现在那颗星来得太近，这均衡便突然在中间向那方面动摇了，那颗星的引力超过了太阳的，于是顶上的一块山峰便向它射去了。这一来却减小了山峰上较小一部分的压力，于是这一部分也射了出去，下一部分也照样办理，接着这样下去，于是一道物质之流便由太阳滔滔奔向那一颗星去了。假如那颗星继续逼近太阳，这次喷射的物质的顶端就会准时达到，而这次喷射的东西也便会连接这两颗星在一起，像哑铃中间的一根棒一样。

实际上另一颗星并不直向太阳撞来。它离得已经非常接近了，但以后它便遵照它自己的路线从旁过去，并没有真正碰着太阳。它既又渐渐去远，吸潮的力量也便渐渐减小。太阳这方面便不再被拉出去什么物质，只剩那刚才喷射出去的物质变成一条长的热气的纤维体挂在空中了。它的形状倒像一只雪茄，两头尖，中间粗。离太阳最远的尖端是当时浪山的峰顶。雪茄中间的较粗的一部分是当那星体离得最近，潮汐力最大时大规模出来的物质。最后离太阳最近的尖端便是当那引力快要不能再从太阳拉出什么东西来的时候所成的最后的稀薄的物质涓滴。

就当我们看视着火焰浪花的雪茄形的长条的时候，它已渐渐冷下来了，而且越冷便越凝结，变成分离的点滴，很像一股蒸气凝结成为一些水滴一样。可是这些点滴和原先的长条一样都是异常巨大的形体，它们的大小是要依天文学中的尺度来计算的。当然不用说靠近雪茄的胖胖的中部的是最大而两端的是最小了。

最后，这些物质的点滴便开始成为独立的个体在空间移动了。它们不再落回太阳去，因为那颗现已远去的星体的吸引曾经使它们运动起来。若非它们一直向太阳行去，它们便不会落上去而只在周围兜圈子，这便是引力定律的直接结果，这定律在几千万年以前和在今日是一样不变的。这些“圈子”（“轨道”）有的很圆，有的却拉得很长。我们看着这些轨道过了几百万年又几百万年，我们才见到它们渐渐地慢慢地变更了一点样子。这些凝结了的物质点滴在运行路途中并不是遇不到阻碍的，因为我们刚才看到的这场大变动在空间会留下许多纷乱的遗物。大些的点滴就必须在这些东西之间穿过去，一直这样走着，它们的轨道一面渐渐改变，直到最后，过了几十亿年，它们的绕太阳运行的轨道才差不多都圆起来，正像我们现在所看到的行星一样。其实这些东西也就正是这些行星。而我们刚在我们理想的火箭中所看见的那出戏也就正是两颗星太接近了的时候必然要在大自然中演出的，这戏的最后一场既是和太阳系这般相似，我们也便很有理由假定行星真是这样出生的了。就我们所能从它们的分布与运行中断定的而言，它们也极像是在几十亿年以前，当一颗路过的星体离太阳特别近的时候，被这星体的吸潮力从太阳表面上撕来的。①

我们已经注意到了太阳的大气包含有铂、铅，及我们在地球上能找到的大部分物质。我们现在便可看到它里面一定不可避免地包含着和地球所有完全一样的物质，因为地球只不过是它的一件凝固了的样

① 该段对太阳系行星形成的描述，以现代的观念来看，是错误的。太阳系的行星并不形成于一次太阳表面物质的潮汐撕裂事件，而是在太阳形成过程中，由其周围绕太阳旋转的尘埃盘——原行星盘——逐步演化而来的。

品。我们当然不能说出太阳的深深的内部是否还有其他物质，因为它们没有方法显露给我们知道。可是有件事很可注意：实际上所有地球上面有的物质都已用光谱仪器在太阳氛围中观察到了，而且直到现在也还没有理由使人认为它里面有什么物质是地球上所没有的。

黑暗背景下的行星图像

第三章

太阳家族

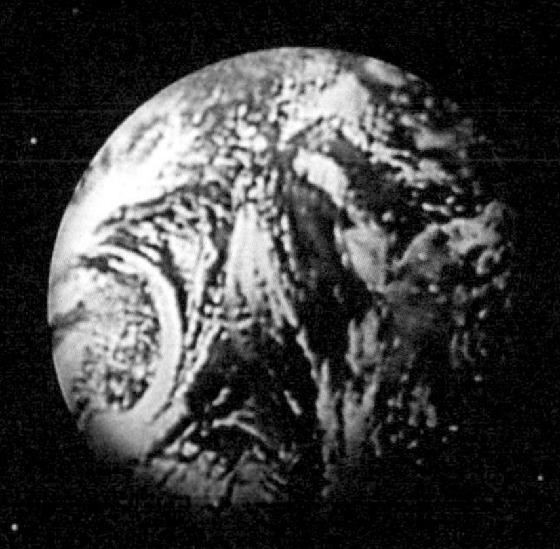

连极小的东西也绕着太阳运行，像是无限小的行星。这里面包含小件东西和灰尘的微末、单一的原子，甚至于破碎的原子残片。太阳落下以后，这些小东西中也有些要反射出太阳光来的，因此就造成一种现象，我们叫它作黄道光。

既然现在我们的火箭已经将我们平安带回到今日的地球上，就让我们更详细地考察一下这个差不多完全孤立于空间中的群体吧。我们相信这群体是从前的一颗平常的恒星的碎片（太阳系是由上一代恒星超新星爆发后留下的物质形成的），它们中间有很多不同的天体，大的，中等的，小的，非常小的，我们都要一一按次讨论。

九大行星

我们首先看一看它们中间的最大的个体，九颗主要的行星。它们在差不多呈圆圈的轨道上绕着太阳转，简直就像马戏场中的马绕着马戏班主人驰骋一样。它们走的方向完全一致，这当然也就是造成它们的那颗流浪的星辰绕过太阳去的方向了（太阳系行星的公转方向与太阳自转方向一致，取决于系统的净角动量，也就是上一代恒星的自转方向）。因为太阳系的形成方式，所以行星的轨道是一条单行道——正像辟克笛利的马戏场。这道路线最近中心的这一边交通特别迅速；远一点就慢一点，到了最靠边的地方就只是在那儿爬了——至少和靠近中心的地方相比是这样。不错，即使是最远最慢的行星的运动也是差不多一秒五公里，几乎比特别快车还要快两百倍，可是这速度在天文学中却只能算是爬。行星中最靠近中心、运动最快的是水星和金星，比起前面那速度来，前者要快十倍，后者七倍。以后我们再来找其中原因，现在我们只陈述事实。

在我们用辟克笛利的马戏场做比喻之前，我们必须知道我们不能放一座爱神像在中央代表太阳，再让九辆营业汽车绕着转以代表九大行星。爱神要代表太阳确是太大了，而用汽车来代表行星更是大得岂有此理了。如果我们想做一个成比例的模型，我们就必须采用很小的东西，譬如说，用一粒豌豆代表太阳。依同样比例，九大行星就要用小粒种子、细砂、灰尘来替代了。就算是这样的话，这马戏场还是只大得刚能容纳最外层的冥王星的轨道。试想一想，一粒豌豆、九粒小种子、细砂、灰尘，在一所大马戏场中，是怎样情形，我们便可以知道太阳系中主要的只是空间。自然也更不难明白为什么行星在天上显得那样渺小了。

可是要和大部分空间比较起来，太阳系还要算是非常拥挤的呢。假如一粒豌豆和九粒小东西放在辟克笛利的马戏场中算是太阳系，那么代表最近的一颗星就得放一粒种子到伯明翰（Birmingham）去——两者中间只是空无所有的空间。于是我们又可以知道太阳系在空间中是怎样的孤立了。

水星

现在我们来详细地考察这些行星吧。离太阳最近的便是水星。它们距离太近了竟使我们永远看到它依附在太阳的旁边。古希腊人便有个传说，说麦寇莱（水星）是亚波罗（太阳）最亲密的朋友。不幸它们是太相爱了，竟使我们永远不能在夜空中看见水星，因为那么一来它离太阳就太疏远了。如果我们没有望远镜，我们有希望看见它的最好方法便是把它当作昏星，去望傍晚太阳刚落时的西天，或者当作晨星，去望黎明前的东方。就是这样也还得碰上好运气，但不幸在我们的纬度上看来，十天倒有九天走坏运：水星大半隐藏在地平线上的云雾中。在纬度较低的地方看起来要容易得多。

图二十一　水星表面

既然水星是绕着太阳旅行，它就有时在近乎我们的太阳的这一边，有时又在离我们远的那一边了。当它恰好走在我们和太阳的中间的时候，太阳光便照到它不对着我们的那一面，于是它向着我们的一面便在黑暗中了。在这种情形下，水星可以看成一面小小的黑圆盘打太阳的大光明圆盘前面经过。当它在

别的位置的时候，我们便可以从地球上看到它的照明了的一部分。我们看见的这光明部分的形状是可以从纤纤的一弯新月一直变到满满的圆盘的（那是当它在离太阳远的那一边的时候）。因此水星看来就有了晦明圆缺，和月亮一样了。它表面无光的一部分永远是完全黑暗的，于是这一切都表明了它不是自己发光，只是依赖太阳射上去的光辉罢了。这种情形在所有行星上都是一样的。

金星

图二十二a 上弦月，来自美国国家航天局科学可视化工作室

其次便轮到金星，它离太阳已比水星远了两倍，但是依然近得使我们很少在夜间看到它。它也和水星一样，大半是在黄昏出现成为昏星，或在黎明出现成为晨星。除了太阳和月亮以外它要算是全天上最明亮的东西了。

金星也同水星、月亮一样有晦明圆缺，因为我们并不能常见到它的光明一面的全部。而且因为它绕着太阳转，它的距离变动得太大，看起来几乎连大小也和形状一样变了。

它看来最大的时候便是离我们最近、差不多正在我们与太阳之间的时候。它那时看起来的形状正像是一弯新月。它对着我们这一面的其他部分都是黑暗的。当它离开我们最远的时候——差不多正在太阳后面的时候——它的距离几乎远了六倍，因此看来也比在离我们最近时小了六倍。在这种情形中，太阳光射在它正对着我们这一面的全部上面，因此它的形状看来也便圆圆的正如一轮满月。

图二十二b 下弦月，来自美国国家航天局科学可视化工作室

它的光辉也随着形状与距离而变化，它看来最明亮的时候便是它的形状正像刚有五天的新月的时候。那时它比天狼星还要明亮十二倍，而且如果不是离太阳过于接近使它不能尽量吐露光彩的话，它简直要非常可怕的眩人眼目的。可是太阳固然减少了金星的光彩，却更加减小了其他较暗的星光，所以当晚间一到，金星便往往是第一颗星，炫耀于正在暗下去的黄昏的西天中。其他时候，金星又可以成为异常光明的“晨星”，又往往是最后一颗星，在白昼光辉中渐渐隐去。因此，人们总认为它便是当年东方圣者望见的“伯利恒的明星”（译者注：此典出《圣经》）。有时它简直明亮得连全部太阳光都不能将它完全遮盖住。往往在白昼，甚至有时正午都能用肉眼看见它。用一架即使是中等的望远镜我们也可以在明亮的白昼，在太阳的旁边，从早晨一直到晚间，追踪它的横过天空的旅程。

地球

依着离太阳的远近而言，过了水星与金星便是地球。它比前两个都要大些，虽然也不过只比金星大一点儿。从水星、金星到地球，距离与体积都同时依次加大，这正好与说行星是一只雪茄形的气体长条凝固而成[①]的假定相符合了。其中最小的水星当然是雪茄的尖头。

我们已经看到水星与月亮都比地球小，都没有大气，因为它们的引力都太微弱不足以保留大气。金星与地球却已经大得不至于遭受这一项损失了。

金星既与地球差不多同等大小，而且又大概可以认定有相似的形成过程，我们当然很有理由希望它们的大气也大致相同。实际上却大不相同。举个显著的例子，在地球大气中占很大比例的氧气，在金星上即使有也是极少极少的。我们知道氧是极容易与别的物质化合的，譬如当一种东西燃烧、腐烂，或者生锈的时候，这种化合便出现。既然如此，我们便不至于惊异为什么金星的大气中极少甚至没有氧了。我们所应该惊异的倒是地球的大气中为什么能够保持这么多的氧，如果我们不知道其中原因的话。这原因便是地球上每一棵树，每一片草叶，都是氧的制造厂，地球上的植物便是供给氧的来源。金星上没有发现大量的氧气这件事竟可以使我们推想到金星上没有植物，因此也许没有任何生命存在。

---

① 现代理论认为行星是在行星盘上形成的，前三颗行星体积依次增大应当是巧合。

外行星

在空间中，水星和金星都离太阳太近，这使我们只能在太阳附近的天空中看到它们。我们还没有讨论到的六颗行星，它们绕太阳运行的轨道是在地球轨道之外的。我们的位置较它们离太阳更近，所以从我们这方面观测，自然要觉得它们不仅绕太阳，而且绕着我们转了，因此我们常常看到它们在黑夜的天空上离开太阳很远。在这种情形中，离地球最近的火星和木星就都可以成为极动人的天体了——它们最亮的时候都可成为全天最明亮的星体之一。它们只不过有金星的十分之一亮，但金星是大半在白昼或黄昏中的一盏灯，火星和木星却是在黑夜中发光的蜡烛。它们都用不着与太阳的火烈的光辉争衡。所有其他的行星都比这些暗得多。其中最明亮的土星看来也不过像一颗极平常的星体。天王星刚刚能被肉眼看见，海王星就已在视力所能及的限度之下了。而冥王星还要差得多，我们要看冥王星非要有很有力的望远镜不可。

我们向外退到空间去第一个遇见的是火星，它比地球小得多，它的直径仅比地球直径的一半大一点。于是火星便暂时打破了那条离太阳越远行星体积越大的规律。但是再过去到了木星却又强有力地把它恢复了。木星差不多比地球直径大过十一倍，重量大过三百一十七倍；它确乎比其他八大行星合拢来的重量还要大出一倍多。因为它既是这一串行星的中间一个，九个中间的第五个，它就必然是由雪茄形的长条的中部物质最富的地方生出来的。这正好符合它是所有行星中的最大最重的这件事了。木星以外，行星的体积与重量便都一直减退下去。我们已经过了雪茄的中部快要到细细的顶尖了。土星是首先轮到的，它只有木星的大小的三分之一，而其余的三颗行星还要比土星小得多得多。雪茄那一头的冥王星实在比这一头的水星大不了多少。

（现代理论认为，太阳系的形成和演化始于46亿年前一片巨大分子云中一小块的引力坍缩。大多坍缩的质量集中在中心，形成了太阳，其余部分摊平并形成了一个原行星盘，继而形成了行星、卫星、陨星和其他小型的太阳系天体系统。）

行星的气候

望远镜这种工具的功用，第一个便是把从一颗星或一群星上送来的光收集起来，再送到人的眼睛中，或者相机底片上去——正像收声筒收集一批声音送到聋子的耳朵中去一样。一架望远镜还可以收集许多热量，并且还有些工具可以非常准确地测算那种热量。这些工具现在制得异常精巧，竟能测算几百公里外一支蜡烛发出的热量，于是要测一测附近的行星以及最亮的恒星所发出的热也就很容易了。

大致说来，我们发现了行星所发射的热量与它们从太阳吸收的相等，一点不多出来。我们早就知道它们发的光只是反射的光——换句话说，它们发出的光仅仅是把从太阳吸收的光反射出来的——现在又证明了它们的热也是同样。当它们刚刚形成，还是太阳抛出来的一片火花时，它们一定是非常之热的，一定也发散着它们自己的热力，但是二十亿年过去了，已有充分的时间使它们冷却了。它们已不再有它们自己的热了，它们只靠太阳给它们的热而热起来。结果自然越离太阳远就越发要冷了——正像露宿的人围绕着野火一样。[①]

不错，我们也确乎可以把太阳和星辰当作散布在空间中的野火。在空间中幽远而深邃的地方，离这些火愈远，愈是冷得厉害——约冰点下四百八十度。（原书的这个华氏温度对应零下 284.5 摄氏度，已经低于绝对零度了，显然是不可能的。现代认为远离热源的宇宙空间仍然有宇宙背景辐射，其温度为 2.73 K，略高于绝对零度。）愈向内移近太阳，或者近乎任何别的一处野火，我们就愈觉得气候温和起来，可是我们还要走很远很远才能到一种还可以称为舒服的地方——或者说是生命刚勉强能存在的地方。外层的行星如冥王星、海王星、天王星、土星，都比地球上任何冷地方还要冷。连木星上都还是几乎想象不到的寒冷。我们从它那儿得来的热统计起来使我们知道它上面的气温一定是零下一百五十摄氏度左右。这种寒冷的程度不单要把水结成冰，并且要把如我们的大气中的普通气体化成水。可是这颗行星也不是完全没有变化的。有一些特定的形态在它的大气中出现，经过一段时间又消失，正像地球大气中的雨云一样。木星上的这种云大概是一种二氧化碳的云，或者是别的只在极低的温度中才凝结的气体。

当我们到了地球的这位近邻火星上的时候，我们遇见的环境要舒

---

① 行星在形成初期确实是热的，但并非因为它们是“太阳抛出来的一片火花”（前面已经说过这是原书时代对行星形成的错误认识），而是因为行星在由更小的星子碰撞并合的过程中积累的热。

图二十三　不同年份的土星，土星环的倾角不同，来自美国国家航天局哈勃太空望远镜

服得多了，可是连火星的表面上也还是大部分在冰点以下。在它的赤道上的一点，当正午时太阳从头上直射上去的时候，大约也只和十一月的下午的伦敦差不多热。但是我们已经知道火星上只有很少大气可以保留热量。而且它发射的光又颇使我们认为它的表面也和月亮一样大部分是火山灰，而火山灰又是没有存热能力的。这样一来，当太阳转过去黑夜来临的时候，温度便突然降低了。晚间未到便要结冰，而到了午夜，火星上的赤道会变得和我们地球上的北极一样寒冷。

我们的地球是可以算作有很舒适的气候的，可是我们再向前去，再走得离太阳更近，我们发现那两颗内层的行星，金星和水星，又不再舒适了。金星上已经热得难称为舒服，而水星上还要热得厉害。水星上的“太阳光下”就恰好等于烈火上的烤锅中。

火星上有生命吗

这样一来，地球似乎便成了唯一有适合我们所知道的这种生命生存的气候的地方了。它的最可畏的竞争者便是它那寒冷的近邻火星。许多天文学家都在火星上看到一些印纹，他们将其描述为运河，并且相信是人工造成的。另一方面，这颗行星的照片中却没有智慧生物在它的表面上留下记号的证据。这些符号存在的证明直到现在还差不多完全限于直接的视觉观察，而人类的眼睛却是著名的任性而且不可靠的，尤其是当不得不在微弱的光下工作的时候。许多实验都证明了眼睛在努力于微光中找寻轮廓的时候，往往会把暗光下的东西上面的亮处和暗处用并不存在的直线连接起来，这便正好如古时的火星观测者都声称看见水星、金星上面也有相似的符号。可是我们现在知道了金星

图二十四　左图为紫外波段的火星，右图为可见光波段的火星，来自美国国家航天局

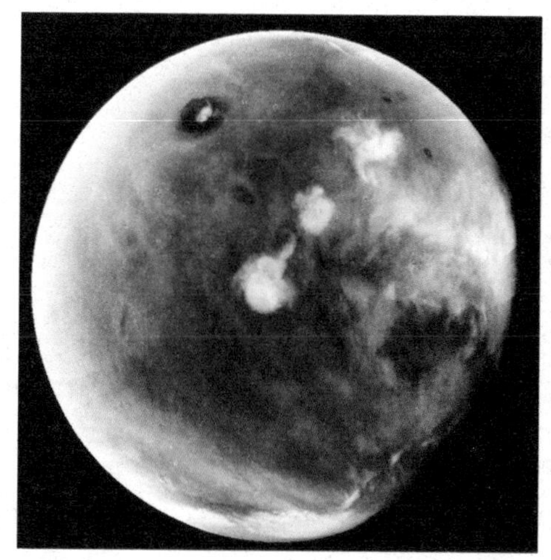

的看得见的表面上只有云，而水星上面却又是显然不适宜于生命的。更早的一个时期中观测者还往往在他们的月亮图中也加上相似的符号，这些符号有的是纯粹出于想象，有的虽然存在，却绝不是什么运河。这些符号的生命史大致只是发端于不充分的光下的放大能力不足的图画中，而后来消失于更充分的知识光明之下。由此看来，在照相机不能确实证明它们存在的时候，大多数的科学家便会对火星上的这些拟想的生命标志暂时存疑。

但是火星上有季节的变迁却是不容置疑的。在这颗行星的冬季，确实有一层白雪的小帽覆在它的北极周围。夏季这雪便消融了，而同时较南部的区域便改变了面貌。有些天文学家认为这些变化是由于植物得到了融化了的冰水的灌溉而生长；又有一些却认为这是由于雨水落下来灌溉了毫无生气的火山灰的沙漠。

总之，火星上或太阳系其他行星上有生命存在的情形是很难称为充分有力的事实的。虽然，还很有余地容纳其他不同的意见，在我看来，大概我们地球上面存在的生命便是太阳家族中唯一的生命了，虽然空间远处的星辰也可以在它们的家族中包含宜居的行星。

行星的卫星

大多数的行星都带了随员的，这便是卫星或者说月亮也可以；随员的数目依行星的大小与排位而定。两颗最大的行星，木星和土星，每人有九个。其次大的天王星有四个，更小的便只有两个、一个，或甚至于没有（目前已知木星有 69 颗卫星，土星有 62 颗已经确认轨道的卫星，天王星有 27 颗已知卫星）。我们相信卫星也是行星的碎片，就像行星是从太阳中撕裂出来的碎片一样，而且形成过程也大致相同。

因为数学原理告诉我们，空间中较大物体的周围都有一道危险地带。一个小东西到了离这大东西的可算出来的某一距离的时候，便进了这危险地带了。于是，它一进了这地带，那大东西的引力便显得过分巨大因而非把这小东西撕成粉碎不可了。没有小东西能够进了一个大东西的危险地带而出来的时候还是完整无缺的，虽然它所受的伤害大小也要看它在危险地带中停留时间的长短。我们早就相信太阳在空间盲目乱跑的时候曾闯入了更大的更壮实的星体的危险地带中，因而受了照例的惩罚而破碎，这种情形我们已在前面描写过了（见第二章末节）。从太阳中间撕出来一些物质，造成了一道雪茄形的长条，由此才产生了这些行星。我们又看到，一开始这些行星也并不在如今这样的规矩的圆圈轨道中运行的。它们的行动一定还要更为混乱，这可能使它们进入太阳周围的危险地带，在这种情况下，它们可能像它们的母星太阳之前那样被撕碎。看起来大概行星的卫星便是这样产生的。的确卫星系统也太像大太阳系的小复制品了，因此我们都几乎不得不认为它们是从和大系统一样的过程中产生出来的。如果真是这样，太阳便是行星的母亲，卫星的祖母了。

土星的光环

从许多方面说来，土星是所有行星中最饶趣味的一个，而且在外貌上还一定是最动人的一个。它不单有九个月亮。它还有二道扁圆的环子（指的是土星环上有一道较大的裂缝：卡西尼环缝）绕着它，给它的中部围成了一道领子或者说镶了一道边。伽利略在一六一零年便发现了这些东西，关于它们的性质曾起过许多猜测的议论。一七五零年莱特（Thomas Wright）才提出下列的意见，说："如果我们有一架能力充分的望远镜，我们便会从中间看到土星的光环只是无数比那些被称为它的卫星的更小的行星而已。"

图二十五 a　可见光和红外波段的木星，左图来自美国国家航天局哈勃太空望远镜，右图来自双子座天文台

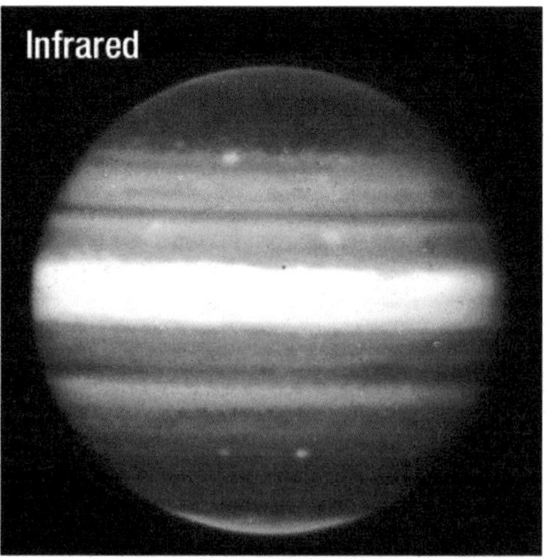

这个猜测的真实性已经被充分证明了。一八五九年剑桥的数学家马克斯威尔（Maxwell）曾用数学方法证明了他所称为“从纯科学的观点看来全天空最可注意的东西”——这些光环——的性质是一定要跟莱特所预测相符合的。一八九五年美国天文学家歧勒（KeeLer）又用一些观测来证实了这件事，他的观测显示了这些光环的物质都在绕着那行星转，可是外层的运动比内层缓慢。又和把太阳系当作整个看一样了，又像一条越向外层越缓慢的单行道了。假如这些光环是一个整体的话，我们就绝不会发现这种情形的；可是如果它们是由数百万个小月亮所构成，我们又绝不会发现别样的情形的。

有许许多多的理由可以使我们想这些小月亮都是一个整东西的碎片，而那东西当初也是一个完全平常的不大不小的土星的月亮。这月亮大约也走进了土星的危险地带，但那儿是任何小东西闯进去都不能不受惩罚的，因此也照例定罪碎为齑粉了。正如同我们相信在遥远的过去中曾有一颗过路的星打破了太阳，因而造成了它的今日的家族[①]；又如同我们相信太阳打破了土星因而造成了它的卫星；我们也同样相信土星自己把它的最近的卫星打破成为几百万碎片，因而造成了它自己的光环系统——这已是天体的第三代了。

但是这两个过程却并不完全相似。太阳只是暂时停留在那更大的星体的危险地带内。它是在空间用相当大的速度运动的，而它的运动不等它被完全打碎就使它逃出了那危险地带了。与这相同，土星在太阳的危险地带中的停留也只是暂时的。在另一方面，土星的卫

---

① 如前面已经注释的，现代理论中没有这个过程。现代理论认为行星形成于行星盘，与大质量天体外力无关，且不能用潮汐来解释卫星。

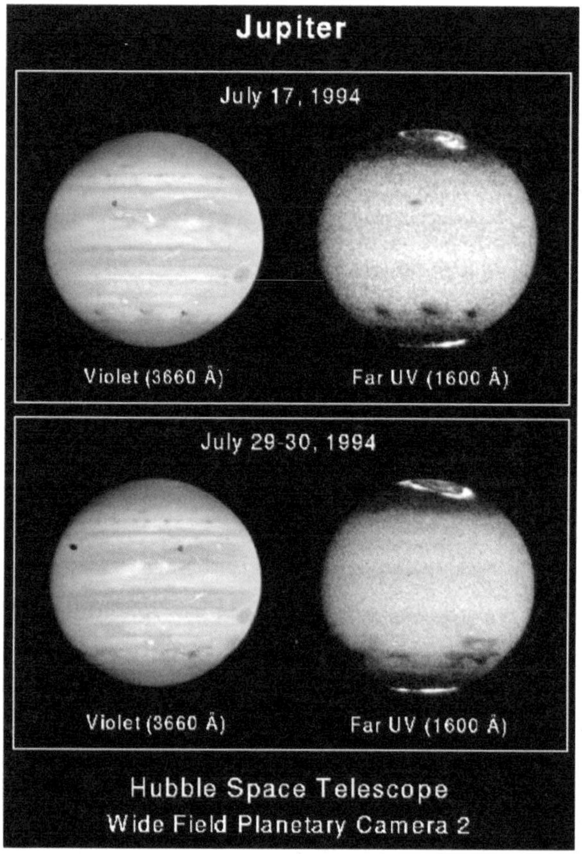

图二十五b 紫色和紫外波段的木星，来自美国国家航天局哈勃太空望远镜

星却是绕着土星画圆圈的，它走进了土星的危险地带的原因只是因为这圆圈渐渐缩小了。这样一来，它便很不幸地进了危险地带再也不能出来，于是被打得粉碎了。对于这种揣测我们很少有可以怀疑的地方，因为我们可以计算出土星的危险地带伸展到多大的距离。土星的最内层的卫星是刚刚在这危险地带之外，当然它也必然还保持了完整，可是那些光环却是在危险地带以内的。

在太阳系中任何地方我们都找不出一个相当大的卫星在它的行星的危险地带中运行的。木星的最内层的卫星要算是最近的，也确乎离木星的危险地带很近很近了。看起来大约随着时间的进展，这卫星一定要更向木星接近的，因此在不太遥远的将来总有一天它要进了这大行星的危险地带而被打碎的。那时木星也会像现在的土星一样被一些光环所围绕着。

依照同样的情形，虽然要在非常遥远的未来才能看见，我们自己的月亮也一定不可避免地要向地球越来越近，直到后来也得超乎安全保障了，也遭受到同样的命运。从此以后，地球上便再也没有月亮，只像土星一样镶上一些环形的边了。这些环子不单是能比我们现在的月亮更多地反射日光，并且还要使通夜都有月光的。一方面这不用说对于我们生活的愉快有很多帮助，可是在别的方面也要比现在更不舒服的。因为时时刻刻常有月亮相撞，于是它们的碎片便掉到地上来，像从天上掉下来许多岩石。

图二十六 宇航员在观测冥王星因月球引力产生的巨大喷泉

（地月距离在不断增大。因为月球引力场在地球表面引起海水的潮汐，地球与潮汐的海水因为相对运动产生摩擦，摩擦力阻碍了地球的自转。由于地月系统的角动量守恒，地球自转的减慢也就导致了地月距离的增大。）

小行星

在火星与木星之间，有几千颗东西称为“小行星”的也绕着太阳旅行，遵守着太阳系的通常的单向道的轨道。这些东西也大概是一个大的整东西的碎片。在火星与木星的轨道之间有一道反常的宽阔的间隔，看来大约曾有一颗平常的行星在那地方运行，可是闯进了木星的危险地带因而也遭受到了不幸的命运。

彗星与流星

现在太阳家族中剩下未说的只是些小东西了。其中最重要的最巨大的便是彗星。彗星跟行星一样绕着太阳旅行，但是有点不同，它们大半都是很长的轨道，因此一颗彗星有时跑到了空间的冷冷的深远处，又有时离太阳很近。平常彗星是看不见的，除非它们相当深入了太阳的光与热中时才能现出来。那时它们便能很容易出头露面，甚至于眩人眼目，大大超出了它们的真正重要性。当它们进了一个大天体如太阳或木星的危险地带时，它们也要被大力打碎的。那些碎片便成了一阵石子雨，我们叫它作流星群。有时地球会正从这流星群中间经过，因此就有一些流星被搅入了地球的大气中去。这些流星便由大气的摩擦而升到了白热的程度，我们便有了人所共知的流星的展览——流星雨。有几个例子中，这些流星雨的轨道恰好同消失不见了的彗星从前的轨道相符合，这便给了我们一个很可信的证明，证明彗星已破裂成为一群小东西了。而且，实际上太阳系的整部历史也大部分是叙述大东西破裂成为小东西的长篇故事——并不见得是由于直接的碰撞，却大半由于吸引的力量（如同在我们地球上吸引起潮汐来的引力），而被撕裂成碎片的。

图二十七 流星划过夜空

大多数流星都大不过一颗核桃或一粒豌豆，即使能有那么大，也不能更大。通常它们小得在撞上地球之前就已经完全化为气体，只剩下一道发光的灰尘的明亮的痕迹。这道痕迹的终点便指明它们完全化成气体的地方，这地方往往离地面还有好几公里。可是也有时候一颗流星很大，不至于在空气中的

迅速飞行中完全化为气体，而它所遗留下来碰到地面上的便成为陨石。当然地球上的各地方都容易受到这种似乎从天上掉下来的陨石的轰击。《圣经·约书亚书》中曾叙述如何“主由上掷下石头来”。许多别的陨石也有古代的文人记载下来，还有很多坠下的流星都好好保存着，其中有的也很大很重。

亚利桑拿有一极其巨大的洞，像一座火山的喷火口。大家相信那是一个大如一座山的史前陨石撞成的。近些年来却没有和这差不多大的陨石掉下来，虽然一九零八年西伯利亚曾掉下一个很大的陨石，它落下来时带起了一阵大风吹坏了若干公里内的森林，二百平方公里内的树几乎没有一棵还能安然不动矗立地上的。

地球有多大年纪了

在地球和陨石中有某一些物质的组织是随着时间的进展而改变的（即放射性元素的衰变）。注意这种变化延续了多久，我们便有可能说出地球本身和从外面空间中落下来的陨石已有多大年纪。我们发现地球和这些陨石从它们开始凝固以来已经过了二十亿年，这表示它们都是这么多年以前的一场大变动的结果。

连极小的东西也绕着太阳运行，像是无限小的行星。这里面包含小件东西和灰尘的微末、单一的原子，甚至于破碎的原子残片。太阳落下以后，这些小东西中也有些要反射出太阳光来的，因此就造

图二十八 1919年日全食期间太阳的日冕，托马斯斯密里史密森学会拍摄

成一种现象，我们叫它作黄道光。还有些别的会趁太阳在日食时被月亮遮掩的时候反射出光来，因而造成有一种现象，我们叫它作日冕——这是一层灰尘的大气被隐蔽的太阳光辉照出来的[①]。

从极大的太阳自身以及巨人行星木星一直到太阳家族中的极小的灰尘，其中每个天体都有自己的运动方式，而且被引力所支配，所以现在我们就必得进而讨论这万有引力了。

① 日冕是太阳大气的最外层，厚度达到几百万公里以上。日冕温度有100万摄氏度，粒子数密度为$10^{15}/m^3$。在高温下，氢、氦等原子已经被电离成带正电的质子、氦原子核和带负电的自由电子等。这些带电粒子运动速度极快，以至不断有带电的粒子挣脱太阳的引力束缚，射向太阳的外围，形成太阳风。日冕发出的光比色球层的还要弱。

宇宙黑洞

第四章

测量星辰

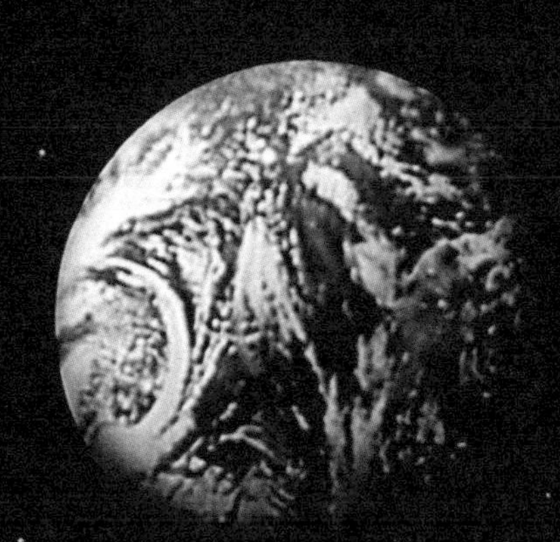

假若天狼忽然代替了太阳，我们的江河海洋甚至连两极附近的冰洲都要很快沸腾蒸发而生命也不能存在于地球上了。另一方面天狼的暗淡的伴侣却实在是只有微弱的光辉的，甚至和太阳相比也是如此，它仅有大约太阳的光度的四百分之一。假若这颗暗淡的星代替了太阳而我们又没有其他光和热的来源的话，江河海洋甚至连地球面上最热的部分都要立刻冻成固体，而我们的大气也要凝成液体了。

我们已经看到引力对于天文学和对于我们自己是怎样的重要了。它把月亮永远拴在地球身边，它给所有的行星和太阳家族中的其他成员画出轨道，它引起我们海洋上的浪潮。而且我们还相信，它在约二十亿年前曾引起太阳上更为宏大得多的浪潮，因此才造就了我们的地球，而最后才生出了我们自己[①]。末了，它还使我们能够继续存活下去，因为它使地球靠近太阳而不逃到空间的严冷的深处去。

现在就让我们试试多了解一点这力量究竟是什么吧。

万有引力

没有一个人能举起一吨重的东西，阻碍他的便是这万有引力——或者说重力，当它作用在地球上的时候，我们都这样叫它。这力量

---

① 如前所述，现代理论认为行星形成于行星盘，而不是分裂自太阳的一部分。

把那重物向地球拉去，人力便微弱得抗不住它了。

我们还知道要把一个球丢出一公里去是件办不到的事情。这阻碍者又是那同一力量，它不断地将球向地面拉，最终必然会在它运动一公里之前将它拉到地面。我们能很容易地把球从我们手中丢出去，让它每小时行二十公里，而且如果重力不把它往地面拉的话，它将每三分钟走一公里，一年以后它已在空间很远很远的地方，离地球十七万五千公里了。实际上重力始终在干涉着这运动，不断地将球向地面上拉去。

或者我们再举一个不同类的例子，月亮在我们头顶上以 1.022 公里/秒的速度运行，假若它不是被一种力量拉向地球的话，它就会继续照现在一样用同样速度，向同样方向运行下去，经过一年的旅程它便远远离开了地球，走出了三千万公里到空中去了。它并不这样办，却老绕着地球打转。它的道路继续不断地向地球弯曲着，正像丢出去的球的路径一样。

牛顿爵士（Sir Isaac Newton）看出月亮的路途总向地球弯曲，这意思只能是地球有种力量永远拉住月亮。他猜测这引力一定跟地球作用在地面附近的东西上的力量类似。有个传说说他首先想到这一点是因为看到他的花园中的苹果坠下。由此他提出他的著名的万有引力理论，不论两个物体间相隔有多么远。

后来爱因斯坦（Einstein）指出了牛顿的关于这定律的数学公式并不绝对准确。而且这种引力的性质也被证明和牛顿所推测的不一样。我们已经不再把它认为只是一种机械的力量，像火车头拉火车一样。但是在我们目前所想要说的一方面，牛顿与爱因斯坦之间的不同倒并不是重要的事。

引力的研究

科学家们可以详细研究这引力，一面在地上的实验室中，一面又在天空实验室中，那儿大自然永远做出极大规模的实验，并且允许我们守候实验室的结果。

一个东西的质量越大，它的引力也就越大。地球这大东西竟大得和地面上我们日常生活中所遇见的任何东西都无可比拟，于是我们平常便除了地球引力外不觉得还有别的引力，因而也往往以为只有地球里才含有引力了。可是那种只有在实验室里才能做的细密的测算，证明了每件东西都有它自己的引力。

和所有两物体之间所有的作用力一样，第一物体加在第二物体上面的引力与第二物体加在第一个上面的在数值上恰恰一样。因为这个缘故，我们便可以将其说成甲乙两物体之间的引力。这话的意思既是说甲对乙的引力，也是说乙对甲的引力；在数值上它们是刚刚一点不差的。苹果落地给了地球加在苹果上的引力一个直接的证明，但是要得到与这完全相当的苹果加在地球上的引力的一个证明却不大容易了。这样大的引力在一个像苹果那么小的东西上有很大的效果，但在地球那么巨大的物体上就完全显不出来了。

两件东西之间的引力是仅依靠它们的物质的量而不与它们的性质相干的。举例说，地球作用在一吨铅上面的引力，与它作用在一吨水上面的，或一吨沙上面的，或一吨任何其他物质上面的引力完全一样。这便是一切平常的商业称重过程中包含着的科学原理。当杂货商人称一磅茶叶的时候，其实他是在把地球作用在一定量茶叶上的引力与作用在一定标准量的铜或铁的重量相等了。

两吨物质的引力就是一吨的引力的两倍，以此类推。这也就是杂货商人所以能够用两块砝码的联合的引力去配茶叶的引力而称出两磅茶叶来的缘故了。

称量地球

但是，假如我们把两样东西分离开来，它们之间的引力也就逐渐减少了。我们很准确地知道怎样增加距离，使得引力随着减少，因此我们便永远能从中计算出距离的影响了。实验室中的实验者能计算出一吨铅加在已知距离外的另一吨铅上的引力。既已知道这一点，我们也便能算出地球应该有多么大的重量才能在一吨铅或是一个飞着的球或是月亮上面施展它的引力了。地球的引力，不论是用在一吨重的东西或是一个飞行着的球或是月亮上面，都证明它的重量是正好在 6,000,000,000,000,000,000,000（六十万万万万万）吨（5.9742×10^{24} kg）左右。

称量太阳

从牛顿以来，天文学上的事实已证明了他的推测的毫无疑问的真实性，就是说引力确实是在整个空间中都发生作用的，每件东西都把其他的东西向自己拉，不论相隔有多么远。牛顿的苹果不仅拉着地球，并且还拉着天上所有的星辰，而所有天上星辰的运行也都受到它坠下的影响。我们不能动一动手指而不扰乱所有天上的星辰。

太阳也正是借这种引力之助来管理它这一大家族的全体活动，无论是行星、彗星、流星等等，从极大个体的木星一直要管到那些很卑微的形成日冕或黄道光的极小的灰尘细末。我们知道这一点是因为它们都遵守一定的轨道，而那轨道却是可以依照引力定律推算出来的。

正同我们能由地球作用在月亮上的引力算出它的重量一样，我们也能从太阳作用在地球或其他行星上使它们不致逃到空间中去的引力算出它的重量来。所有的行星都一致告诉我们太阳的重量比地球大三十三万二千（三十三万三千）倍，地球有一盎司（28.35克）物质，太阳就几乎要有一吨。

因为太阳有这样巨大的重量，它的引力也就大得惊人。在太阳的表面上，一个强有力的人也很难举起七磅（3.18kg）重的东西，更不能把一个球丢出两三米以外去。便是这些细微的小节，也除非是钢铁造成的人不能办到；一个平常的血肉做的人简直会被他自己的重量压扁了的。

太阳有这样巨大的引力，加在它的家族中所有成员身上，这些成员之间也有较小的引力互相牵引着。举例说，任何行星、小行星或者彗星，当它们走到木星附近的时候，就显得被那巨人行星的引力牵出了自己的轨道。其实有人就提出意见说：木星最外层的两个月亮也许并不是木星自己生出来的，只是两颗小行星被木星的伟大的引力“捉”住了的——这便是说把它们拉出原来的轨道太远以至于它们不得不随后永远绕着木星转了。这种情形看起来非常可能，因为这两个小月亮并不是绕着木星的赤道转。它们却在木星上的天空中从北到南，从南到北，而不是从东到西。土星的最外层的月亮跟海王星的单个月亮（即土卫四和海卫一）也有相类似的运动。其中的一个，也许两个都是由同样情形而被捉住的，但这虽也可能，却并不那么像真的了。连更小些的行星也有可注意的引力，因而一个天文学家要想预测出一颗行星或彗星的将来的轨迹，就必须把这些引力不论大小一齐算进去不可。

最外层行星的发现

一个世纪以前，大家都是把天王星当作太阳家族中的最外层行星。天文学家们便算出太阳和其他已知行星的引力，而推定天王星应该遵行的轨道。他们都发现它并不严格遵守它的预先测定的轨道。他们便疑心到还有一颗一直没有找到的行星把它拉出了应有的轨道。两位年轻的数学家，一个是英国剑桥的亚当士（J.C.Adams of

Cambridge)，一个法国巴黎的勒未累(U.J.J.Leverrier of Paris)，便着手研究寻找那颗新行星的问题：如果它的引力引起了天王星的不规则的行动，那么它应该是什么而且在什么地方什么时候到来，照例这场扰乱的罪人是找着了，几乎恰好是亚当士和勒未累所预测的地点。现在它便是人所共知的海王星了。

图二十九 太阳系中的轨道行星

最近历史又重复了一遍，同样的事情又发生了。连海王星的引力也算进去了之后，天王星还是不严格遵守它的预定的轨道，于是天文学家们又开始疑心一定还有一颗也许更在海王星之外的行星把它拉出了轨道。这一次是一个美国人，亚利桑拿的佛拉斯塔夫天文台的洛威尔教授(Professor Percival Lowell of Flagstaff Observatory,Arizona)算出来了意料中的新行星的行动应该怎样。经过十五年的探索——不幸已在洛威尔去世之后了——这颗行星才在一九三零年三月间发现，正好在洛威尔预言的位置附近而且也很合乎它所预言的运行情况。

这便是那颗新发现的行星冥王星，它离太阳约比我们远了四十倍——竟远得使它绕太阳一周需要约二百五十年，而且离太阳的光和热都那么远，大概它上面不单是水会结冰，如果它有大气，大气也一定要冻成固体的。

这两颗外层行星，海王星和冥王星的发现都是天文学家们相信引力定律的结果，而它们的发现也十足证明了这相信的正确。如果我们要问为什么我们相信引力定律，也许我们所能给的最简单的答复便是它可以使我们发现新行星，虽然更加使人满意的答复便要说它使我们能够预先测出所有已知行星的运行。

称量星辰

直到现在我们所讨论的还只是以我们叫作太阳系的这一小群天体为限。远在空间深处——远在海王星、冥王星以及太阳系的最外圈以外——我们还看到一些稠密的小群天体。它们因为隔得太远，我们简直不能看到行星彗星之类的小东西——即使它们也有——我们只看到一些星群并不分散，却在空间凑成紧密的邻居。很自然的我们便要猜想这些也像太阳家族一样，是为引力所集在一起的了。

我们所信为最近的一群是三颗星——两颗还很亮，一颗却很暗（见下章图表）。但是还有比这更简单的星群。最简单的一种，我们叫作“双星”的只有两颗星，互相环绕着运行——像两个孩子拉着手跳环舞，或者像一对男女跳华尔兹舞。它们的运行状况恰恰正如同它们是被互相的引力作用所牵连，像地球跟月亮或太阳跟地球一样。因此我们便得到结论说它们是由引力结合起来的了。天文学家守望着这两个互相环绕的星,便能计算出它们为了不至于分开,应该互相产生多大的引力，于是由此我们便至少可以知道一部分星体的重量了。

结果是很有趣味的。我们的太阳已经证明是中等或稍中等重量的星体。放在一起来看，星辰的重量却还相差不远。如果我们把太阳比作一个中等重量的人，大多数星体的重量也就只有一个男孩与一个重人之间的差别。可是有少数特殊的星体却有完全特殊的重量。有一群星是四个结成的，大犬座二十七号（27 Canis Majoris）它们合在一起的重量约是太阳的一千倍，虽然这只是有人这么相信，还不曾确定。一个平常的双星，普拉斯克特（Plaskett's star）大约合起来有一百四十多个太阳重，这一回却不仅是相信而且是相当确定了。但是这种大重量是非常特殊的例外。要找出一颗比太阳重十倍的星是很少有的事，而且也还没有发现一颗星只有太阳的十分之一重。所以总的看起来，星体之间的重量差别是不算很大的。

星的光度

与它们的重量的一致相对照，星辰在光度方面却有极大的相差。举例说，天上最明亮的星——天狼，它身边就有一颗非常暗淡的星，

图三十 天狼星

我们观测到的光只有天狼的万分之一。它既那么暗淡又那样被天狼的光辉所隐蔽，因此直到一八六二年才被发现。此处的情形却又不是距离远所以微弱，因为这颗小星与天狼是我方才说过的双星系统。这暗星在空间并不一直进行，却绕着天狼旋转，这又证明它是不断地被更亮的那颗星的引力所捉住不放了。因此我们便能断定这两颗星距离我们差不多相同，因而那暗淡的星不仅看起来暗淡，也确乎真是暗淡了——它只有低度的光度。

甚至还有比这更惊人的对照。又一颗明星南河三（Procyon，小犬座 α 星）也有一颗暗淡的伴星，与主星的光度相较，比例也与上面那一颗相仿。那么，说“各星的光辉各不相等”的话也并无错误了，而且这也不仅因为这颗星比那颗星远，所以光度才会微弱的。

虽然如此，我们平常却只在知道了两颗星的距离以后才可以比较它们的真实光度——它们的烛光数。那时我们才能说出只由于距离而产生的光度差别是怎样，而它们的真实能力的差别又是多少。

我们既然知道太阳离地球九千二百九十万里（1.5亿千米），我们便能算出它应该有多大的光度才能隔这么远还能照明地球。它一定要有3,000,000,000,000,000,000,000,000,000（三千万万万万万万万）支烛光[①]。

天狼星比太阳约远出五十万倍。光从太阳出发到我们约需要八分钟，从天狼来却要八年之久。既知道了这一点，我们也当然能算出天狼和它的伴星的真实光度了。天狼自己也证明自己是一颗很不平常的明星。它约有太阳的光度的二十六倍，而它的发热的能力也和它的发光的能力相似。假若天狼忽然代替了太阳，我们的江河海洋甚至连两极附近的冰洲都要很快沸腾蒸发而生命也不能存在于地球上了。另一方面天狼的暗淡的伴侣却实在是只有微弱的光辉的，甚至和太阳相比也是如此，它仅有大约太阳的光度的四百分之一。假若这颗暗淡的星代替了太阳而我们又没有其他光和热的来源的话，江河海洋甚至连地球面上最热的部分都要立刻冻成固体，而我们的大气也要凝成液体了。

但是天狼系统中的这两个成分还远不足以代表我们在天上所观察到的极端现象。已知道的最暗的星是Wolf 359，它至少要比天狼的微弱的伴星还要弱一百倍。这个比率的另一端便是一颗“变光星”叫作剑鱼座S星（S Doradus）——这是一颗不断改变亮度的星。它的平均光度是天狼的万倍以上，太阳的三十万倍以上。当它最光明的时候，它较太阳的光度大过五十万倍以上，因此它在一分钟内所

---

① 烛光（candle）是20世纪早期的发光强度单位。在原文中，我们现在一般称作“光度”（luminosity）的概念也即恒星的发光总功率也被称作烛光，在本次修订中，将二者做了区分，只在涉及单位的时候才保留“烛光”。

放射的光太阳要放射一年。假若太阳突然变得像这颗星一样的强有力，它的极端的热力会把整个地球以及地球上面的东西连我们自己在内一起化成蒸气。假如我们将太阳比作一支蜡烛，我们就必须将这颗星比作一具极其有力的海上探照灯，而那暗淡的星 Wolf 359 就一定要比作一个非常暗淡的荧光了。

星的大小

太阳辐射的光热全部都是从它广大的表面上释放出来的，而它的表面比地球的表面约大了一万二千倍。当然我们也就很想要知道辐射量那样不同的别的星辰的表面有多么大了。譬如说，剑雨座 S 星是比太阳也大过了五十万倍呢，还是它的表面上每一平方米都多发射五十万倍光呢？

我们开始答复这问题可以从两种方法中任择一样——或者直接把剑鱼座 S 星的大小试求出来，或者试验去发现它表面上每一平方米放出多少光来，然后从已知的它所发的全部光的总量推演出它的大小来。不幸的是要直接测算星的大小有一些很大的困难。当我们在望远镜中看一颗行星时，总看到一个圆盘——像个小月亮。假如我们离星辰很近，也便会看它们是一个圆盘像太阳一样的。可是即使在最有力的望远镜中，太阳也还是唯一能显出相当大的圆盘来的恒星。所有其他恒星都离得太远，绝看不成一个圆盘的。我们只看见它们是一些针尖大的光点，因此也无法直接测出它们的大小了。

但是这句概括的叙述却有两个例外。天文学家们应用最精巧的工具“干涉仪”，使我们能够用直接的观察来测量出少数的最大星体——它可以说是用一种异常复杂的方法把细微的星的圆盘放大了使我们能够测量。

另一方面，天文学家们应用最精巧的物理理论——爱因斯坦的相对论，也使我们能用直接的推算方法测出最小的星体的大小来。但这个方法还只在一颗星上应用过——在天狼星的微弱的伴侣上。

但能够用这些方法测量出大小来的星辰为数是极少极少的。除了极少数以外，我们便必须从另一方面问星体怎样放射它的能量，试验发现它的表面上每平方米要放射多多少能量来。很幸运的是，我们走的是一条康庄大道。

星的颜色

首先，试假定有一足球队要摄影，队员穿的是红蓝两种颜色的制服。谁都知道照出相来蓝颜色要变白而红颜色却要变黑。这原因是照相机对于蓝色非常敏感而对于红色却非常迟钝，和人的眼睛是一样。我们发现了照相机对于星辰也玩了一套同样的把戏，不管我们喜欢拍摄哪一块天空，照出来总有些星不当亮而亮，有些星又不当暗而暗。当然其中原因也是星辰有不同的颜色了。有些星比平均数值更蓝，又有的却更红；而摄影机只对蓝色的星表示好感，却对红色的很不公平。这便给了我们一个发现星辰颜色的鲜明的方法，而且我们已经知道了信任照相机而得的星辰的颜色也是相当准确的。还有一些别的方法可以应用，幸而那些方法也证实了照相机并不撒谎。

星辰有不同的颜色是因为它们有不同的温度。当一个铁匠烧红一块蹄铁的时候，铁的颜色渐次变更——开始暗红，接着变鲜红，接着变黄，最后几乎变成了白色，而这些颜色也便指出了铁的温度。依同理，一个工人要知道工厂火炉中的温度是多少，他最好的简单有效的方法便是看一看里面冒出来的火光的颜色。微弱阴暗的李子似的颜色表示一种温度，暗红色又表示另一种，鲜明的红色又是一种，依此类推下去。现在已经制造了一些工具可以从考察火光得出一个炉子中的准确的温度。

依恰好同样的道理，天文学家也能够发现星辰的温度。它们的颜色深浅中间大有不同，从暗红色到黄色、白色，到鲜蓝色、蓝紫色，而它们的温度的高低差别之大也便与这相符合。暗红色的星是最不热的，温度大约在摄氏表一千四百度左右，或者是普通华氏表的二千五百五十度左右。偏黄色的星便至少要热过一倍。此后便是与太阳相差不多的星，有摄氏表约五千五百度或华氏表一万度的高温，照这样一直继续下去，到后来我们便碰到温度最高的星，大约到了四万摄氏度。

这整个的观察所得的温度之间的差别——从一千四百摄氏度到四万摄氏度——确是极大的，而且其间的大部分都完完全全超乎我们在地球上所有的任何东西的温度以上。虽然如此，我们还能够算出来一块一定大小的地面在一定的温度下能放射多少光热。结果是非常惊人的。华氏表七万度的表面所能放射的能量竟大得可以拉动全世界所有铁路上的火车，而只用一处仅能容纳一具火车头的地方的热力。这样高温度的表面上每平方英寸（6.45 平方厘米，下同）所发的力量便可以使摩里塔尼亚（Mauretania）号那样的海洋战舰用全速度行驶起来。另一方面，华氏表二千五百五十度也就是说已知的最冷的星的温度下的表面上的每一平方英寸所发出的力量还很难推动一只小划子。相同的面积，较热的表面的放射能力要比较冷的大过约三十万倍。因此，假若这冷热两颗星所放射出来的量相等的话，那低温的星也就一定要比高温的星大过三十万倍了。

这也就当然使人想到星辰的大小之间也一定有很大的差异了。如果暗红的星也有相当大的光度的话，它们不用说一定是非常庞大的，因为它们的每平方厘米的光度只有那么一点。事实上，有些这一类的暗红色星是有大得可怕的光度的，而且还同样放出大量的热量。举例说，参宿四或说猎户座 α 星，我们刚才提到过的，它的光热加在一起约比太阳大过六千倍。这颗星既然颜色是暗红的，它的每平方厘米所放射的光热就绝不能比得上太阳，因此它的面积也就一定要比太阳的六千倍还要大得多。

如果我们能从颜色中找出参宿四的准确温度，我们便能算出它的表面上每一平方厘米能放射多少光热，因而又能够发现要放出它现在观察所得的这么多的光热必须有多少平方厘米的面积——简单地讲，我们可以说出它究竟有多么大。首先，观测所得的温度已告诉我们它每一平方厘米放射光热的量。于是，假如我们又已知道它所放射的光热的总量，只要一简单的除法便算出它有多少平方厘米的面积了。

我们已经说过有少数的星体的大小是可以用两种方法直接测算出来的。不论我们用的是哪一种方法，测算星体大小所得的结果都很近似于我们计算出来的数值——用它的每平方厘米的放射量除全星体的总放射量所得的数值。这也便使我们很有理由信任我们这计算的方法了。

可是这种计算却给出了意外惊人的结果。结果证明星辰的大小的不同远超过它们在重量或者在温度甚至在光度方面的差异。直到此刻所发现的最小的星是马能星（Van Maanen's star），它即使能比我们地球大也绝不能大出多少，将百万颗这一类的星都装进太阳去还不能将太阳填满。这就使太阳看起来仿佛是一颗大星了，但还有一些别的星，例如参宿四，就庞大得可以让几百万颗太阳这样大小的星装进去还填不满。它们竟大得那样惊人，假如它们之中有一个代替了太阳的位置我们自己都要包在星球内部了，因为它的半径比地球轨道圆圈的半径还要大。再让我们把太阳想象成为一粒豌豆，那么最小的星如马能星便是微细的灰尘，它们有八十个在一起也不过仅仅够遮住字母 i 上的一点，而最大的星却要用汽车那么大的圆球来代表了。

我们现在看到天空博物院里有极广博的珍奇陈列了，于是我们便不能不惊奇这样惊人的变异是从哪儿来的而且有什么意义。为什么这些星在重量方面那么相同，而在其他方面却又那么不同呢？我们在下一章中便要回答这问题。

银河系的星空与宇宙尘埃

第五章

星的种类

太阳每秒钟要摧毁它的原子四百万吨或每天三千五亿吨，而别的恒星也会以一定的速率来摧毁它们自己的原子，这个速率可能与太阳不同，但是至少相仿，而且正比于其光度。因为恒星在不断地以辐射的形式损失重量，这些星便要越来越轻，因此，大致说来，最老的星便要最轻了。有很多的证据使我们知道实际上真是这样。

我们已经看到了星辰在光度方面有如同从萤火虫到探海灯那样大的差别，而它们的大小比例却又如同从一粒灰尘到一辆汽车的差别。它们的重量方面相差比较小些，但也还和一根羽毛与一个足球之间的差异相当。我们还看到太阳在各方面都差不多是中等。它虽然很难在各方面都恰恰在平均值上，但也从不曾错过太远。把这情形用另一种不大恭维它的话来说，便是：太阳在各方面都绝不出奇，都非常平庸——无论在重量、大小、温度或光度方面都是如此。

然而，很明显的是，如果我们仅仅举出极端的例子跟一颗中等的星来，还是不能知道多少星辰的一般性质的。就像如果我们只听人说过一个最矮的英国人与一个最高的英国人的身高和体重，和一个 1.75 米高、在任何方面都平庸的中等英国人，我们还是不大知道英国国民的总体情况。我们还要求更详细地知道星辰在大小、光度、重量各方面的分类。

假定有一次狗展览会的参加者都挣脱了拘束并且吃掉了牌号，于是又必须重新分类。一个外行大概会以为这个过程会很繁琐：先依重量分，再依毛的颜色分，再依毛的长短分，再这样继续分下去；

内行却立刻便依它们的品种一下子分好。每一种中的各个狗也许还有些重量、颜色、毛色的差别，但是绝不像狗这个物种中各品种的差别那样大。

星的三类①

对于恒星也差不多是这样。在一个偶然的观者看起来，它们好像是一群非常紊乱的东西，但一个内行天文学家就知道它们也可以分成明显的种类，几乎同狗展览会中狗的分类一样准确明晰。不错，狗的种族确实数不过来，但星的种类却只有三大类，最初都是用大小来分的。我们不要把恒星比作全体紊乱了的狗展览会，只要比作极小的、中等的、极大的三种狗就够了。当然这比喻是不十分完善的，天空也并不这样简单。这比喻最不妥当的一点便是在最大两类之间有一个过渡，虽然这两者与那一类小狗之间直到现在我们所知为止还没有那种渐变。

在我们试着去把真正星辰分为这三类之前，我们不妨先试着了解一下它们怎么形成的。首先，为什么会有这三种不同的恒星？看起来我们对于原子结构的知识至少可以提供一部分答案。

① 现代理论中，恒星分类已然复杂得多。我们已经知道红巨星和白矮星都是主序星演化后期的产物，三者都是有演化时序上的联系的。我们也发现了更多的过渡阶段，以及不同质量恒星演化过程中所产生的不同形态。

当我们坐火箭在太阳内部航行的时候，我们注意到一粒平常的原子包含一颗中央原子核和围绕着它的一些微小的几乎没有重量的电子。在我们地球上的温度中，这原子核可以把它的所有电子都紧紧揪住不放松。在更高的像我们在太阳大气中所见到的温度中，那最外层的电子便开始逃脱而自由自在了。末了，到了太阳中心的极高的温度中，我们发现所有的电子几乎都跑了，只剩下最内层一圈中的两个还被捉住不放，它们被捉得那么紧，竟可以抵抗住四千万摄氏度的高热。

白矮星

但是我们知道有的星的中心比太阳中心还要热过十倍、二十倍——也许甚至五十倍。没有原子核能抵抗过这样的高热而且还捉得住它的电子。在这些星的中心，每颗原子都完全粉碎了，那儿只有我们可以称为粉碎原子的物质——几乎完全无序的一群原子核和电子慌慌张张地四处乱窜，一点也不想到再组合起来——物质处于它原始的形态。由于我们无法在地球上体验到这种情形，我们很难找到确切的语言来形容这种状况。那就好像是一种气体里面包含着许多微小的粒子，每个粒子的运动都与其余粒子无关，可是这些小东西又都在一块挤得那么紧，所以我们若把它与水或者水银之类的液体相比较也许要更好一些。

一粒完全未破的原子便像一个小型的太阳系。大的中央原子核便是太阳，而电子便是行星（在物理学史上，这被称作原子核的太阳系模型）。而且，另一方面又与太阳相似，它所包含的大部分是空虚的空间。我们已经看到太阳行星与它们彼此间的距离比较起来是多么渺小了。我们已经将它们的情况做了一个模型，摆一粒豌豆，两粒小种子，几粒细砂，一些灰尘，在辟克笛利的马戏场中来代表它们。要代表太阳系的“空间”需要整个马戏场，但把这个模型中的全部物质给一个小孩，他一手便拿得起来。所有剩下的都是空虚的空间。原子也是同样的情形，假如我们仍把辟克笛利马戏场代表原子所占的空间，它的物质成分——原子核与电子——最多也不过是一些小粒种子，可以被放在很小的空隙里。

在最热的星体中心，这些原子的微小成分便是如此拥挤。在强烈的热量将原子打碎成为原子核与电子等成分以后，这颗星的其他部分的重量所产生的极端的压力便产生作用，把这些成分都压挤在一起了。这个过程将这颗星的物质压进了惊人的小空间中去，因此这颗星也就非常小了。

这种压缩一颗星的物质的情形便给了我们最小的一类恒星，天文学家称之为“白矮星”。一个极端的例子便是马能星（见上一章末），这颗星不比地球大。一个不那么极端的例子是天狼星暗弱的伴星，这星约有地球三十倍大，但因为它的质量比地球大三十万倍，所以它必须比地球更压紧一万倍。我们见到大自然还可以教我们一点包裹的艺术。假如我们能把地上的东西也照这些星的中心那样包裹起来，我们便能把一百吨烟草装在一个烟盒里带着，而每一背心口袋里都可以装几吨煤的。若与构成这些星辰的粉碎原子比较起来，我们地球上的固体只不过是最细的游丝——一种空间中的蜘蛛网而已。

因为这一类的星辰都那样紧密，所以它们最小的表面上每一小块都辐射着极大量的能量。大体说来，表面上每一平方英寸约放出183.75千瓦的能量，而太阳上每平方英寸只有36.75千瓦。要放出这么多的能量，这星的表面就必须有白热的温度。现在我们便知道为什么这一类星叫作“白矮星”了——矮是因为它们体积小，白是因为它们温度高。

主序星

白矮星其实可说是例外的，大部分的星都并不那样包裹得紧紧的。当我们在太阳内部的时候，我们注意到大多数的原子并没有完全粉碎，许多原子核还保留一两粒电子，造成一种虽然很小却仍然有一定大小的真实原子。这样的原子不能塞在像白矮星中心物质那样的极小空间内，但是它们却可以挤进一块比未被打碎的原子小得多的空间。它们在太阳中心便是这样包裹着，所以一立方英尺（16.39立方厘米）的物质便有好几吨重——我们还不知道究竟是几吨。在一颗白矮星的中心，一立方英尺便有几千吨重。

物质都这样包裹起来了的太阳便可以代表最大一类的恒星，中等大小的恒星，所谓“主序星”。这一类也许包含了全天上的百分之八十的恒星。所有主序星的中心都和太阳中心差不多热，结果原子往往都只保留了最内层的两粒电子——我们可以比作一些只剩下水星和金星在兜圈子的太阳系，但它还绝不能包得像白矮星中间那样的紧。这结果便是主序星都在本质上便比任何白矮星大，但是其体积范围又不是特别大。但是除了它们的体积以外，它们之间在其他方面又有极多的区别，它们的重量占了已知恒星重量比例表的全部，而它们的颜色也占有了已知颜色的光谱的全部，从最鲜明的紫罗兰色到最暗淡的红色都有。可是，如“主序”这名字的含义所示，它们也成为真正的一个序列。当我们把它们依重量次序排起来的时候，我们发现也同时把它们差不多依颜色排起来了；它们中间最重的星便也是它们中最蓝的星，而重量渐减，颜色也一直顺着光谱降下来，从蓝色、白色、黄色，到最暗最深的红色。而且另一方面，重量渐减，光度也继续降下来，跑过整个的星辰光度表，从探海灯一直到萤火虫。

红巨星[①]

这第三类恒星的特点是在它们的中心甚至要比主序星中心还要冷得多，那儿的温度只有一二百万摄氏度。在这样相对而言冷得多的温度中，电子并没有从原子上全部剥离下来，没有剥得只剩最内层的

---

① 在现代理论中，红巨星的核心由于氦及更重的元素的燃烧，温度要高于主序星，这个过程中释放大量热量，会导致外层未燃烧的氢元素包层膨胀，导致表面的有效温度降低，使得颜色一般呈现红色。

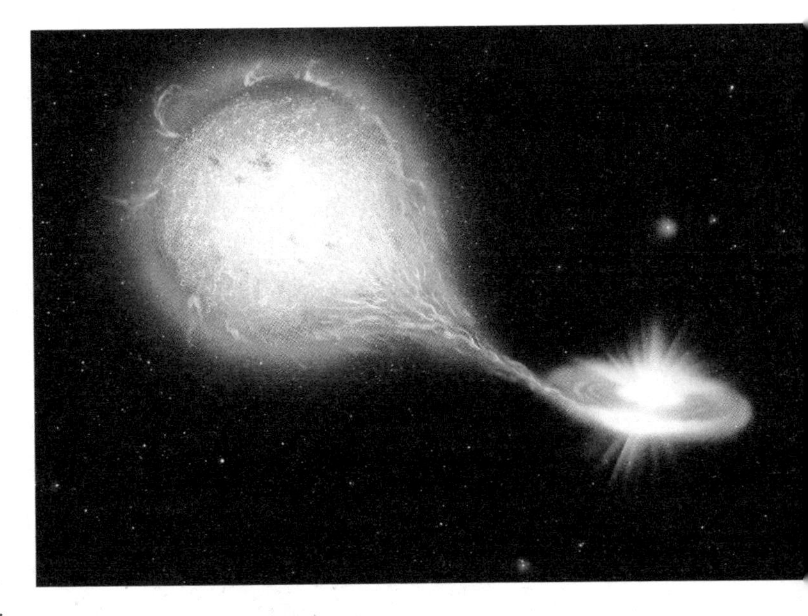

图三十一 红巨星与中子星

一对，如同在太阳里一样。别的层中的电子也还留在那儿附着原子核，因此原子都还相当的大，还不能紧紧包在一起。它们确实很舒服自在，保留那么大的活动范围，于是现在我们所讨论的这些星便都有非常大的体积了。最典型的例证便是参宿四或者说猎户座 α 星，它有太阳的二千五百万倍大，但大概只有约大四十倍的质量。另一个更大一些的例子是蒭藁增二或说鲸鱼座 o 星，它竟大得可以包容下三千万个太阳。最近才发现它有一个白矮星型的伴星，它们俩构成一个双星系统。假如星辰也有幽默的感情的话，这配错了的一对怨偶也会因为它们荒谬的不般配与大小的不平衡而产生一些笑话来的。这比兰西尔（Landseer，英动物画家）的“尊严与耻辱”更加夸张，这简直是像一个巨象与一个苍蝇手拉着手互相陪伴着在空间中运行了。

这类星中的大部分都大得足以容下至少一百万个太阳

在它们的内部，虽然它们的光度之强是惊人的，可是它们面积却有那么大，所以每平方英寸也就只有一点点能量可以辐射了。有时竟少得只有 0.37 千瓦，而太阳上已有 36.75 千瓦，一些蓝色主序星上却有 367500 千瓦，它们的表面为了发挥这么一点能量是用不着热得不得了的，因此它们的颜色便大致是红的，有时候（但很稀少）是黄的。

恒星能量

看起来很明白，恒星大小的极大不同是与恒星内部的原子的大小不同有连带的关系的（现代理论中已经没有这种说法），但是我们对于光度方面的巨大差异却了解得不这样好。看起来确信无疑的是，每一颗星都可以看作一所极大的发电场，从它内部产生能量，再从它的热的表面上以辐射的形式倾倒出去。太阳每平方英寸 36.75 千瓦的产量乍一看似乎大得惊人，但是我们必须记着每一平方英寸的表面是很大一部分恒星物质所产生的能量的唯一出口。（由于太阳半径为 695,500 公里），它们所产生的能量都必须从这一平方英寸倾倒出去。当我们这样去看的时候 36.75 千瓦、一平方英寸便不显得过于巨大，也许还要觉得不足呢。

我们知道辐射也有重量的（即质能等效关系），所以一道重量的喷流一定会不断地从一颗星的表面各点上倒出去。计算的结果告诉我们，每秒钟太阳的总辐射量有四百万吨重。这样一来，太阳便要持续不停地每秒钟失去四百万吨重量，这速率已经比威斯敏斯特桥（Westminster Bridge）下的水流还快一万倍了。太阳的重量的减少简直如同它表面上有一万道刀口，而从每道刀口中都有一道泰晤士河（Thames）往外流出。此刻的太阳已比你刚刚开始看这章书时减少了成百上千万吨了，明天此时它又要比现在减少三千五百亿吨。所有这些重量都是从哪儿来的呢？

图三十二　银河系对黑星和恒星的成像

恒星毁灭自身物质的过程

我们还不十分明白恒星是怎样产生它的辐射的，但是看起来大概可以说它的辐射便是在摧毁它自己的物质，正像一处平常的发电场由烧煤而产生能量一样。可是在恒星中进行的过程却和简单的燃烧大不相同，因为燃烧只是包含原子的重新分配而已。较可能的说法倒是说它是一种原子的消灭：一粒原子只存在一时，接着便被摧毁：什么也不停留，只剩下一闪光的辐射，这却要和那些消失去了的原子重量相等。[①]

如果这便是恒星辐射的真实来源，那么太阳便要每秒钟摧毁它的原子四百万吨或每天三千五亿吨，而别的恒星也会以一定的速率来摧毁它们自己的原子，这个速率可能与太阳不同，但是至少相仿，而且正比于其光度。因为恒星在不断地以辐射的形式损失重量，这些星便要越来越轻，因此，大致说来，最老的星便要最轻了。有很多的证据使我们知道实际上真是这样。

我们已经看到那些最重的星，便是我们现在要认为最年幼的星，都是最亮最亮的星[②]，而且大体上说来，恒星的光度也随着它们的重量减低。但是它们在光度方面损失的速度比在重量方面快得多。老星不仅是所剩的物质较少，而且所剩下的物质的以吨计算的辐射能力也较小。为了解释得更清楚，我们不妨假定一颗星包含许多混合的物质，这些种物质各以不同的速率变成辐射。有些物质变得非常快，所以当它们存在的时候都辐射得非常快，但它们存在得并不久。当它们存在时，星便疯狂地辐射着。等它们消耗完了以后，剩下较弱的一些物质便只慢慢辐射着，因此存在得更长久一些。所以一颗星在拼命浪费生命的短短的然而狂乱的青春之后，便可以望到一段平静的悠长的老年而在其中静静地放射它的精力了。虽然这种说法还不能说是最后可以盖棺定论的，它却已与天文学中已知的事实很

① 在现代理论中，恒星由核聚变产生能量，最主要的聚变过程为氢生成氦，四个氢核的质量与一个氦核的质量之差变为能量释放出来。

② 恒星的初始质量存在差异，但是大质量恒星的寿命短，所以平均而言要比小质量恒星更加年轻，所以近似这样说大概也可以。

符合，而且它至少还可以给天上的星辰们的纷杂加上一点趣味。

（现代理论认为，恒星的主序星阶段是核心氢燃烧的阶段，零龄主序星是由纯氢构成的，当核心氢耗尽，生成大量氦核之后，氢会继续在核心外层的厚层燃烧，而核心的氦会由于核心收缩产生的高温高压而被点燃。但是氦燃烧的效率比较低，所以放出的能量会少于氢燃烧，此时恒星进入红巨星阶段。如果恒星足够大，后面还会继续点燃碳氮氧甚至更重的元素的燃烧过程。）

最邻近的星

牢记着上面所述的星的分类，我们现在便要进而简短地考察一下我们的空间中的近邻了。这些星大概可以给我们一个很好的天空样本。假若我们再要跑远一点，我们就一定得不到这样好的样本了，因为我们那时就会遗漏很多极暗淡的星，因为那些星都既远又暗，所以它们既不为人所知也不为人所见。只有在相当靠近地球的区域，我们才能观测到相当暗弱的恒星。其中有我们邻近空间中的二十六颗恒星，它们的距离都只有数光年。距离之后的圆圈便是它们相互间大小的大概比例，再后面便是它们在透过了地球大气后所现的颜色。最末一栏表示这些星的大概的辐射功率，以太阳的辐射功率为单位。

姑且认为这二十六颗星便代表全天下的星，我们便立刻看出大

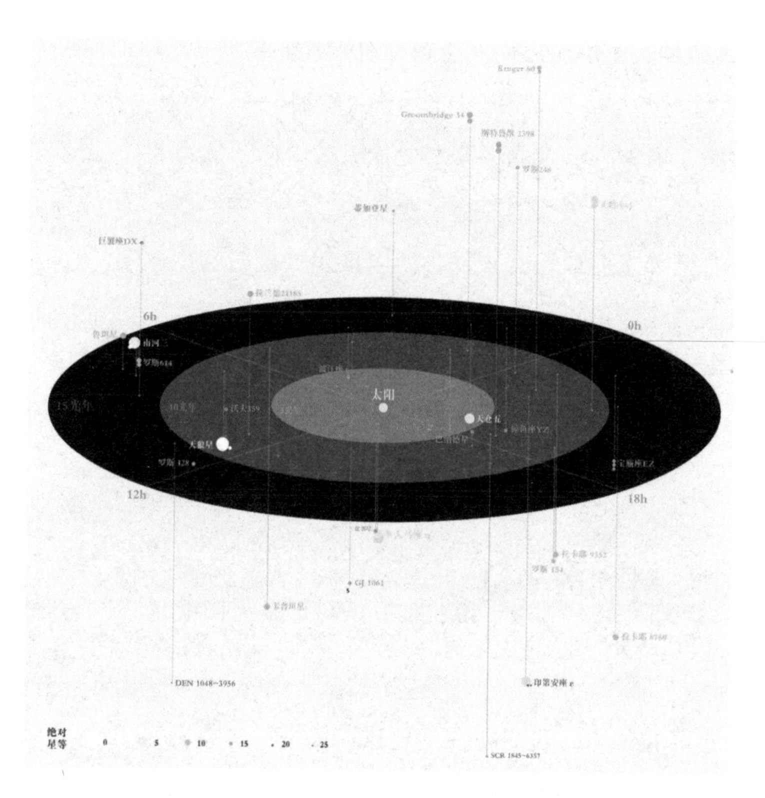

图三十三 离太阳最近若干恒星空间位置示意图 林时一制图

多数星都比太阳更红更小，因此当然也要较暗。也许二十六颗星中只有四颗比太阳大，只有三颗比太阳更亮，它们是南门二（半人马座α星），双星中较亮的一个，天狼（Sirius，大犬座α星），南河三（Procyon，小犬座α星）。

我们又会注意到所有这一组星中并没有一颗是红或黄巨星。这并不是说太阳的周围有任何异常。巨星在空间是极其少的，所以在无数的小星群中才可能忽然出现一颗巨星。

假设太阳附近碰巧有了一颗红或黄巨星，我们也并不能把它画进我们的图中去：一颗中等的巨星便要画成一个直径十二尺的圆圈。这二十六颗星中，有二十三颗一定是主序星，有一颗南河三的暗淡的伴星，却有可疑之点——它也许是一颗白矮星。剩下的两颗，即天狼星的暗弱伴星和马能星，则一定是白矮星。我们的样本很充分地表现了天上的大部分星都属于主序星。

这二十六颗星都用不同的速率把它们的物质变成辐射，但它们中间大多数都比太阳慢。只有三颗，南门二、天狼、南河三，每对中的一个，比太阳耗费得快，它们所有的待消耗的物质也比较多。太阳现在的原子储量还可以够它过一千五百万年[①]，但这是照它现在的消耗率计算的，而它在离消耗完还很远的时候便要变得更小更暗，因此也要比现在消耗得更加慢得多。

如果承认以上的这种论调，看起来大多数星都要再过几亿年才能终于被黑暗征服。不论这个估计最终能否成立，有一件事却一定可靠——我们人类的生命和天文学上的时间比较起来真正是一丝一毫也不足挂齿的。我们已经看到地球怎样只是空间中的一个微点。我们现在看到我们的生命，简直连人类全部历史都算上，又怎样只是时间中的一个微点了。

---

① 现代理论为约 50 亿年。

第六章

银河透视

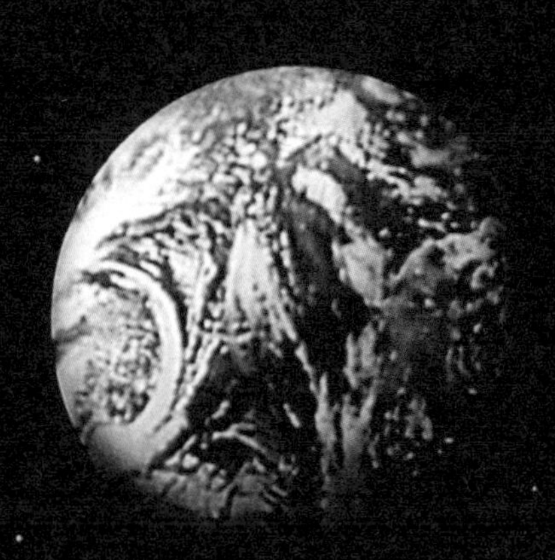

试想象有一大群蜜蜂停在空中，它们造成了一个围绕中心的球状团体，周围还有无数的蜜蜂环绕着嗡嗡不息，造成了一种相当于的大气情形，围绕在主要星群之外。如果我们把每一只蜜蜂用一颗星来代替，我们便可以得到一个很好的球状星团的形态学模型——一个星的球状团体，越到中心越紧密，越向外边越稀疏。

当我们在本书第一章讨论天空的面容的时候，星辰对于我们只不过是一群光点构成的远景而已。这遥远的背景使得我们能够确定我们在空间的位置，并且我们已经看到，我们能够根据相对背景的快速运行而找出我们的近邻（行星和太阳家族中的其他分子）来。

之后我们考察了这些恒星究竟是什么，并且也讨论过它们的种种不同的物理的特性。其中有一点便是它们在光度方面有很大的不同。有一些比太阳亮几千倍，还有一些比太阳暗几千倍。假如我们把太阳比作一支平常的蜡烛，有些星便要比作探海灯，而这幅比较表的另一端的一些星却要比成萤火虫的。

直到最近才发现，恒星在光度方面竟有这么大的差异。好久以来人们都以为，所有的恒星的真实光辉都是差不多相等的，像一行街灯一样，因此一颗星看起来不亮只是因为它离得远。一七六一年天文学家兰伯特（Lambert）便讨论过，既然所有的星都是为了同一的目的而造成，那么便没有理由要把某一些星造得更暗一些；如果有些星显得暗一些，那就只能是因为他们远一些。我们已经看到这个结论是怎样完完全全的错误了。

宇宙全图

如果兰伯特的话是对的，所有星的真实光度都相等，像一行街灯一样，天文学这个科学便会比现在更简单些。那样的话，我们就可以从一颗星的视亮度立刻推算出它的距离来，于是也可以一颗星挨着一颗星地画出宇宙全图来。可是实际上的情形却不然，我们所注视的一颗暗星既可以是一个很远的探海灯，又可以是一个很近的萤火虫。我们很难决定哪个说法是对的；唯一的办法只有测量它们的距离。

我们已经看到，我们可以用普通的测量大地的方法测出某一些星的距离来，我们只要注意当我们在空间运动时它们的位置的变动就够了。但这只能在很少的临近恒星上面应用。大自然所允许我们做的最长的旅行，便是我们每六个月一次随着地球

图三十四　宇宙的部分空间

从太阳这一边到那一边的三亿公里路。而大多数的星都远得甚至连这样长的距离都不能使我们看出它们有什么方位的变化。事实上我们如今遇到了这么一个难题：要去测量出许多东西的距离，可是，只准望着它们，不准移动。我们将怎么办呢?

我们已经看到，我们可以测出一行街灯的距离，只要我们知道它们都有同等的光度。我们对于星辰也用同样的方法。依全体说来它们的光度是各不相等的，互相有很大的不同，但最近发现有几种很容易认出来的星都有一致的“标准烛光”。我们只要知道了一颗星的光度，就马上可以知道所有这种星的光度，那时我们便可以应用“街灯”测量法来决定它们的远近了——就是说星越暗就离得越远。或者更直截了当地说，星看起来有多么远就有多么远。

但如果有什么雾或其他暗黑物质之类弥漫在空间，并且隐灭了从更远的距离外来到的光，这种街灯测量法就当然不能奏效了。在一个有雾的夜里，我们只能看见一条街上离我们最近的一些光，就不应该以它们所呈现的明暗去断定它们的远近；因为如果我们不知道我们正隔着一层雾去望它们，我们一定会把最暗的当作比它们真实距离更远的。非常小心的考察结果大致证明空间中除了在很少的特殊的地方以外，并没有这种雾的存在。天上东一处西一处的倒散布了一些很清晰的分别得出来的黑块，我们望过去或是完全看不见星，或是看到几颗，而这几颗的亮度又证明它们一定是离我们很近的。一个显著的例子便是那所谓“煤袋”的一块黑斑，这些斑块看来都好像张着口的洞窟，并且也常常被人这样解释；有些人认为这是星辰系统中的漏洞——一种从外部空间到达我们地球的一种隧道，但是看起来总是很奇怪，为什么有这些隧道集中到我们小小的地球上来。我们现在已经知道这些空隙绝不是什么隧道了——它们是暗黑物质（指的是冷暗的星际气体团块，不是现代意义的暗物质）的云，离我们很近，因此遮住了更远的恒星使我们无法看见。只要观察一次现代的摄影结果，便可以充分证明这种解释。除了在我们遇到了这种隐蔽他物的黑暗物质的少数方向，天文学的空间看起来是完完全全透明的。星光在空间中的旅行竟然毫无什么妨碍，而且除了因为距离远之外也绝无其他原因可以减少光辉。（其实除了较为密集的星际介质，还有均匀分布的弥散星际介质，这使得测光距离比其他方式测得的距离上升得稍快一些。）所以在任何一种特殊的有一致的光度的星中，一颗星确切无疑地看起来有多么远便真有多么远。这种星中最有趣味的一类便是称为造父变星的那一类。

造父变星

大多数的星光都是完全固定不变的，但是有少数的星却不断地由暗而明、由明而暗，好似有人在不断地扭动煤气灯的活塞一样。很久以前便有人观察到仙王座 δ 星以一种很特别的规律来回变动——就好像那活塞是慢慢地扭下去又突然一下扭上来一样。它重复这个变动的循环极其规律：每五又三分之一天一次。一个很远的恒星云[①]

① 为银河系的伴星系，是相对最近的星系之一，但相对银河系内的恒星而言还是很遥远的。

叫作小麦哲伦星云（Lesser Magellanic Cloud），就包含了一大群完全与之相似的星，而且又发现它们看来都同等亮。既然它们都有同等的距离，它们也就因此被证明有同等的光度了。又发现另一些与它们恰好同类的星离我们非常近，使我们已经能使用平常的大地测量法去测出它们的距离，从而得到它们的真实的光度了。这些星也被发现是有同等光度的。总结一下许多天文学家的研究结果，我们便发现了凡是跟仙王座 δ 星有同等情形的星都跟仙王座 δ 星有同等的光度。

有些别的星也被发现与这大致相同的光度升降变化——同样的慢慢暗下去又忽而很快亮起来——可是变化的周期却与仙王座 δ 星不同，不是五又三分之一天。所有这样的星都归入一类称为造父变星。同样，所有其中有同等变化时间的，不论时间怎样，都有同等的光度，这也是我们用和之前一样的算出附近一颗星的光度的方法发现的。于是我们便可以说出天上任何一颗造父变星的光度来，只要注意到它的变动周期便可以了；那时我们又可以从它的视亮度推演出它的远近来。这些星正像空间的广阔海洋中的灯塔一样。我们从它们光的特殊变化中可以立刻毫无错误地认出它们来，并且一旦知道了它们的光度，我们又可以立刻推算出它们的距离来。

这便给我们一种最宝贵的测量空间的方法，或者至少可以说是测量可以看到造父变星的那部分空间的方法。这种方法发现不久之后，现任哈佛天文台台长沙普利博士（Dr.Shapley）便用来测量了一些叫作“球状星团”的星的集团，那些星团中每一个都包含有几十万颗星。

球状星团

试想象有一大群蜜蜂停在空中，它们造成了一个围绕中心的球状团体，周围还有无数的蜜蜂环绕着嗡嗡不息，造成了一种相当于的大气情形，围绕在主要星群之外。如果我们把每一只蜜蜂用一颗星来代替，我们便可以得到一个很好的球状星团的形态学模型——一个星的球状团体，越到中心越紧密，越向外边越稀疏。图三十三中便有个足以代表其特点的星团。

图三十五 武仙座球状星团，来自美国国家航天局、哈勃太空望远镜

我们已经发现了约有一百个这样的球状星团。现在没有再发现新的，上一个世纪也几乎没有，因此我们可以姑且假定已经没有剩下待发现的了：这些球状星团我们都已经认识了，它们大半都在天上显得很暗，只有五六个为肉眼可见。（现在银河系内总共发现了152个，而估计总数为180±20。尚未发现的球状星团被认为是隐藏在银

河系的气体和尘埃的后面。）

它们都包含许许多多的造父变星，因此我们就能大致准确地估计出它们的远近来，而估算的结果却是非常惊人的。就是最近的球状星团，它们的光，要到达我们这里，也需要一万八千四百年（现在已知的最近的球状星团是7200光年外的NGC 6397和M 4，下同）。我们并没有看见它现在的状况或现在的位置，我们只看见它从前的位置、从前的情形，在一万八千四百年前——远在人类有文化以前的情形。我们由它的光看见它，而我们所见的光发出的时候（它开始它的长途旅行的时候），地球上还布满了原始深林，还是许多野兽在上面乱跑，农业还未发明，人类还在用最粗蛮的渔猎方式生活着呢。当这道光在到达我们的途中的时候，发生了所有的有记录的人类历史；六百代人生下来，各自活了一生又死去；许多帝国兴起，衰落，又覆灭——这便是从甚至那最近的一个星团发来的光达到我们这儿所需要的时间，还别忘记了光的旅行速度每秒钟达三十万公里。这个星团包含几十万颗星，其中有许多都比太阳亮得多。可是它却太远了，使我们肉眼只能隐隐地看见它。

假若这星团的居民中也有天文学家，也像我们研究他们一样在研究我们的话，他们便可以看到我们的地球每年绕太阳的路途只有600公里外的一个针尖大。这便证明了旧有的大地测量家的方法要测量这么远的星是怎样的无用了。绕着一个针尖爬的东西是绝没有希望看到600公里外的东西的方位有可以计算出来的变更的。

沙普利进而又发现了最远的星团约比最近的要远十倍；从最近的星团来的光既需要一万八千四百年才能达到我们，从最远的发来的便要十八万四千年。他又把所有在中间的星团的距离也都算了出来，并且将它们在空间的位置定成图样，它们大体上排列得竟好像一个个平常的葡萄干点心上的小葡萄干一样；换句话说，它们都相当一致的分布在一个点心形状的空间之内，这空间是个圆形的横截面，厚度比长度、宽度小。

虽然还不算十分确定，但现在看来，似乎沙普利在这样画定球状星团的时候是在解决一个当时并未想到的大问题；他的确是在解决那空间星辰分布情形的大问题。

原始人的最初的直觉大概是假定星辰的分布是永无尽头的。这倒是最简单的想法，而且从各方面来说都是最自然的一种假设。可是很多考虑都证明这不是正确的了，现在只提出一点来说，如果星辰的行列漫无止境，而其分布像太阳附近的星的分布的话，那么，不论我们向什么地方看去，我们一定迟早会碰见一颗星的。全天空便会像一片统一的毫无漏隙的光焰，像在一阵大风雪来时全天空都显得像一大片统一而毫无漏隙的雪幕一样。既然夜间天空的大部分都是黑的，我们便可以肯定地说星辰的散布并不是永无止境的了；在我们经过了空间的一段特定的路程之后，它们一定会渐渐稀少而最终消失。除了我们已经提到过的星光被黑暗物质的斑块所遮蔽了的地方以外，天空中所现为黑暗的地方就只能是我们正从星辰系统的孔隙中一直透视到遥远虚无的空间了。

银河[1]

图三十六 丁托莱托的《银河的起源》

可是夜间的天空也不完全是黑的。在任何一个清明无月的夜里，我们都能看到，一道极大的黯弱的弓形珠光从这边地平线上起，横过天空到那一边地平线上。我们只有环游世界才能看到地平线下究竟是什么情形，那时我们便发现它的两端接连在一起出现在南方天空中，因此它形成了一个绕过全天的极大无尽的光环——一条圈着世界的大光带。差不多在所有语言中它都有一个相同的名字——银河。

不仅仅原始人，连早期的天文学家也都对这道光的圆弧有神秘的解释，墨西哥人给它起了一个非常富有诗

---

①《银河的起源》这幅画约作于1578年，是画家晚期的代表作品，现藏于伦敦国家画廊。它取材于一个美丽的罗马神话：主神朱庇特把他与人间爱人所生的一个孩子接到天上，然后派一个女仆将孩子送给他天上的妻子女神朱诺，如果孩子能吸到朱诺的奶，就可以获得永生。画面所呈现的正是那个飞翔着的女仆将孩子突然送到朱诺身边的那一刻。由于朱诺毫无准备，不禁有点张惶失措，她慌忙地躲闪，身体似乎失去了平衡。这时，朱诺的奶汁飞溅，于是形成了今天的银河，所以在英语中银河被称为“Milky Way”。

意的名字——“五色彩虹的白色姊妹”，它还成了许多文明中的无数传说的主题——你大约可以记起英国国家美术馆（The National Gallary）中陈列的丁托莱托（Tintoretto）的画“银河的起源”吧？到了一六零九年伽利略把他的新造成的望远镜向那上面望去，于是这一眼便立刻把这神秘的东西完全解释了。银河的外观只是一群密集的暗星像一些精细的银砂散布在天鹅绒的天空背景上而已。伽利略的望远镜后来又证明即使在银河中天空的大部分也是黑的，星辰只是偶尔撒在漆黑的背景上面而已。

除了在有黑暗物质斑块的地方，黑暗就只能是因为我们透过了整个星辰系统看到了外面的虚无空间，因此便是在银河中我们也有时到了星辰的尽头。可是在这地方却比在别的地方多看见许多星；而且它们又都更暗，这也使我们想到它们是更远。很明白的我们在这方面可以比在其他地方跑得更远才遇见星的尽头的。

星的车轮

威廉·赫歇尔爵士（Sir William Herschel）在一百二十年前就得到了这个结论。他认为星辰的分布就像是一个巨大的车轮，太阳离车轴不远。他假定在车轮边上的星形成了银河；这个方向的星看起来暗是因为它们太远，至于它们显得特别多则是因为当我们向这边望去的时候，不仅会看到边上的星，也会看到整个车辐中的星。

近来天文学中的工作证实了赫歇尔爵士的结论在许多方面都是对的，只有一点他错了：太阳并不是，甚至也不靠近这巨大的星的车轮的中心，而是离得很远，也在一边车辐中间——也许在从轴到边的三分之一的地方（银河系直径的现代值为十万到十八万光年，太阳在距银心约三万光年处，所以在距银心约 3/5 的地方）。因为我现在已经知道这巨大的星的车轮是在空间中旋转的了。它并不是绕着太阳或者太阳附近的一点旋转，而是绕着一个离我们很远的中心轴旋转，从那地方来的光需要大约五万年才能达到我们这里。这中心轴几乎正好和我们所想象的那包含球状星团系统的圆点心的中心在同一方向，而且距离也大略相等的。而且这车轮的平面，当然同时也就是银河所在的平面，也恰好和那圆点心的中心平面相符合，一半球状星团在银河的一边，一半在另一边。

这便差不多毫无疑问地确定了赫歇尔爵士的圆形车轮本质上和我们用来代表空间球状星团的分布的那个圆点心是同一东西了；星辰与球状星团占了同一部分的空间，而且我们若再向远处空间前进的话，这两样东西也都差不多同时没有了。其中只有一点不同：这代表星辰的车轮并不完全像代表球状星团的圆点心那么厚，也许我们可以用另一种话把它说得更明白一些。

让我们把我们的点心涂上奶油吧。让我们先把它切做两片，一上一下，涂一层很厚的奶油在两片中间，然后把两片再合起来。于是这奶油便代表星辰，而小葡萄干便代表球状星团。太阳并不如赫歇尔爵士所想的那样是在点心的中间但是它的上面下面都有同样多的点心，因此它也便在奶油层的中间不远，但它却差不多是在从中心到边境的半路上！

这个质朴无华的模型便是我所能想出来解释夜间天空的庄严灿烂的情形的最简单的说法了。从模型说到实际，我们必须扩大，扩大，再扩大，一直扩大到每一细小微末的地方都变成几千、百万公里：我们必须把每一块葡萄干都用几十万颗的星团来代替，把我们的一层奶油用几千百万颗星来代替，然后让所有剩下的地方都化作虚无空间的天鹅绒般的黑暗区域；或者，最多化作极稀的散布的原子，或者原子的碎片，和无数的灰尘。如果我们能够使我们的想象力为我们做出这些改变来，我们的结果就绝不再是质朴无华的了；它将给我们一把钥匙去开启那人类肉眼所未见过的最动人又最不可忘的景象。它将使我们能够怀着新的理解去观望那天空中的珍奇的活动图画，懂得全书中的意义。

夜的天空

可是，尽管如此，当我们伫立在户外，眺望澄净的夜空的时候，我们还是无法看到整个宇宙陈列在眼前。空间中的距离是那样的广袤无垠，使得最明亮的星辰也只能在它们恰好离得比较近的时候才能被肉眼见到。它们的光若不能在约三千年以内达到我们，我们便只有借助仪器才能望得见它们[①]。然而就算是最近的球状星团也比这

① 此处指的是那些几千倍太阳光度的较亮恒星。实际上最亮的恒星的光度比它们还可以再高上千倍。

距离远过六倍[①]。这样一来，我们便可以得出结论，我们能够看得见的单独的星辰都在太阳周围的一个很小的空间范围之内——这便是在一个葡萄干点心中的一块较大的葡萄干的地方。假使这小块空间范围以外的所有的星都突然熄灭了的话，我们的肉眼也绝不会立刻发现它们消失不见了。即使是这样，银河也不会不见，因为它是极大的一群星的光辉集合而成的，而这些星又都离我们太远，使我们不能分辨出它们来——正像望着一所远处城市的灯光一样。而且那时整个天空背景也会略微变暗的，因为现在的天上分布着一层暗弱得几乎看不出来的光雾，这都是远处的星所放射出来的光辉，但又都因为太远所以我们也不能分辨出它们。但是我们的肉眼却再也看不出别的变化来了，所有那些我们分得清的一颗一颗的星都丝毫不会有

图三十七 孤独星空

① 仍然指的是相对于上面原文中已经使用过的球状星团距离。

所改变的，它们确实都离我们的家很近，如果我们要用天文学上的尺度来量的话。

所以我们所看见的夜空便截然分成两部分了。第一部分，我们看到的那些星座，它们构成了由一些单个星辰组成的离我们很近的前景——这就是说，依天文学的尺度来量要算是很近的。另外一部分，我们看到的银河，它是一些远得我们只能望见它们成群结队的星辰所成的背景。星座与银河——这就是我们所看见的一切了。在这二者之间有千百万颗星我们却看不见，因为一则它们太远使我们不能分别望见他们成为一颗一颗的星，二则它们又很少能够连成一处连续的光云；最多它们只不过微微照明了天空的黑暗背景而已。

这一整个大星辰系统，这个银河做边的车轮形的系统，常常被我们称为“银河系”。

（在现代天文中，这两部分都在银河系内，还有更大一部分是河外星系。但是我们肉眼所见的单个目标，尤其是弥散源，也有可能是整个河外星系。）

星的数目

假如我们可以把银河系中所有的星都分别来看的话，那么将会有多少颗星呢？乍一看似乎这是所有天文学家要回答的问题中最简单的一个；不用说他只要在望远镜中把它们数一遍就可以了。不幸的是事实绝没有这样简单。望远镜越大，我们看见的星也就越多起来。现在我们所制成的最大的望远镜中已看到约十五亿颗星了——简直是地球上所有五岁以上的人每人可得一颗星。但是现在正在制造中的一架大望远镜几乎一定还能看出更多更多的星来，而那时我们也还不能期望能看完全所有的星辰——连近似完全也不可能。要去尝试数星星是件劳而无功的事——要说出它们的总数只有一个方法，便是称出它们全体的重量来。

要称量那些我们连看也看不见的星星的重量，说起来简直像是疯话；但这却恰恰很坦白无修饰地说出了近来天文学家所做的事情。

好久以来便总有人怀疑为什么这个星辰系统能够继续维持它的圆盘和车轮的形态。我们很难看出为什么车轮中心的星的引力不会把边上的星都拉过去使它们都落在一块儿，在中心变成一个大球。这个谜现在已经得到了解答；这车轮所以能够保持原状，只不过因为他在绕着车轴转罢了。在这一方面它倒是有些像太阳系的，不过它比太阳系更加巨大得多。太阳系也是像一个圆盘和车轮形的。它为什么能保持这种形状是毫无神秘的：这只是因为行星都环绕着太阳运行的缘故。它们一旦停止运行便会立刻落进太阳中去；实际上它们围绕太阳的运动使得它们可以逃离这场灾难。离太阳最近的行星必须运行得最快，因为在那里它们所要抵抗的太阳的引力最强。在更巨大得多的星辰系统中也是一样的：它们的运行救了它们，使它们不至于落进车轴中心去。在车轴附近的引力最强，因此离车轴最近的星也运行得最快。太阳离那车轴还有相当的距离，便以每秒钟约二百千米的速度运行着，这速度已经是特快列车的一万倍了，而它离车轴的距离是如此之大，竟使它连用这样的速度运行着也还要大概两三亿年才能绕行车轴一周。

这些数目都绝不是准确无误的；直到最近我们还完全不能准确知道我们究竟离我们所绕着运行的车轴有多么远。我们关于车轴在哪一方向的知识却要多得多，毫无疑问它一定是要在银河中间的，而且还差不多一定在那一范围中。大概它也是靠近那图的中央部分的。

这范围的中央部分又是早就知道是银河中最丰富的部分的。我们应该能料到车轮的中心轴附近的星会聚集得较密一些，而且无论怎样当我们向车轴那边望过去一直望到边，我们应当能看到最深远的星，所以车轴会被发现位于银河的最丰富的区域中也就无足为奇了。

图三十八　位于人马座的三棱星云

银河中最丰富的区域便是人马座中的大星云。许多许多不同类的考察都很一致地联合起来向我们证明了这大车轮的中心轴在这大星云的中间或附近。十之八九它是在图中右面一半的那块黑暗的物质之后的。如果真是这样，我们便永远没有希望看见这车轮绕着旋转的中心轴了。如果我们想到每一颗星的运行路线都由于一个极大的中心太阳的引力而向车轴那一方面不断弯曲下去，我们便会把星辰的运行最简单地表示出来。不过大半这种中心太阳是根本不存在的。假如我们能够透过这层遮蔽物质的黑暗云去看的话，大概也只是看见一群很密集的平常的星而已。看起来大概星辰都互相用自己的引力联结起来，像一个双星系统中的两份子一样，并不是被一个什么中心的大东西所控制的（现代天文研究证实银河系中心存在一个超大质量黑洞）。

我们只要一知道星辰绕着车轴运行的速度，就可以立刻称出星辰系统的重量来，正像我们一知道了行星绕太阳的速度就立刻能称重太阳一样。每一颗星都受到引力的牵引，不仅有受车轴中的星辰的引力，还有整个星辰系统的引力，所以我们不仅能够称重车轴，还可以称出整个车轮的重量。

既然我们知道了中等的星的平均重量和太阳的重量差不多，或者更小些，我们就又能说出有多少颗星构成这一个车轮了。

不用说，我们是不能确切说出这个数目究竟一定是多少的。大概它一定要比一千亿要多；也就是说，地球上的每一个男人、女人和小孩儿都几乎可以得到六十颗以上的恒星。甚至也许那真数目比这还要大两倍甚至三倍、五倍的。

要弄清楚这样大的数目究竟是怎么一回事是不很容易的。首先，如果我们在一个非常澄净的夜间，只用我们的眼睛而毫不借助于望远镜，到底能看见多少星呢？看起来它们只是一大群，而许多人如果要他们猜答的话也许会说十万和两千万，或者诸如此类的大数目的。可是实际上眼力最好的人也仅能看出三千颗左右来——不过比这本书上的几页字多一点罢了。

现在我们来设想我们所看见的这三千颗星每颗都化成整个充满恒星的天空。但即使这样宏伟的想象也还只有九百万颗，这也还只是天空星辰总数中的一个很小的部分。那不过是四十本像本书这样大的书中的字母总数而已。要想象出全天空的星辰总数，我们必须想到一所极大的图书馆，里面至少要有五十万本书，每本书都像本书这样大。这所图书馆所有的书中每页的字母的总数才能与天上星辰总数大略相当。假如我们以每分钟一页的速度来每天读八小时，这个图书馆里的书是要我们读七百年才能读得完的，同样，假如我们以每分钟数一千五百颗——每秒钟二十五颗——的速度来数天上的所有的星，我们也要用七百年才能数得完。我们的地球只是一个字母上面的附属品，而且那还是极平常的一个是，无数星辰中的一个。我们的地球在我们这图书馆中的五十万本书中比一个 i 字母上面的一点还要小——还要小得多；它倒应该只算是落在两页之间而被困住了的一粒显微镜中才看得见的微尘。然而就是这粒微尘上面的居民直到三百多年前还在以为那就是宇宙的中心，所有的星辰都围绕着它——而且这些星星之所以被创造出来也就只是为了围绕着它，为了当太阳月亮不见的时候偶尔洒一点光辉到它上面去的呢！现在我们才开始看出我们的家庭在空间中的真实状况是怎样的无足重轻了，然而在下一章中我们就会知道，这个故事还有一大半留着没讲呢……

人马座星云

银河树下的幻想

第七章

空间深处

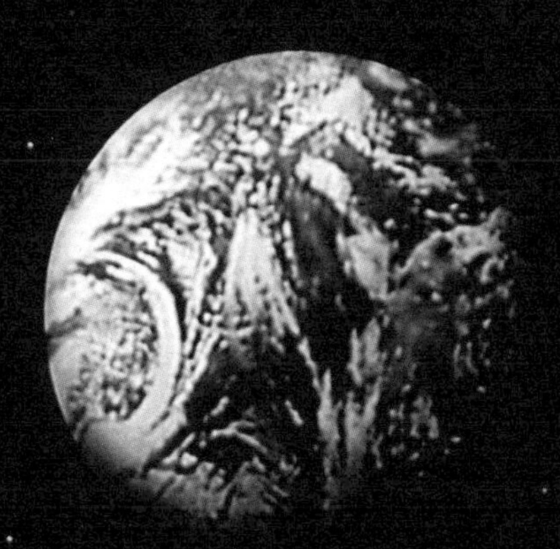

真正的星云有截然不同的两种，这可以由它们的形状分辨出来。第一种的形状是规则的，或者说是相当规则的。第二种的形状就完全不规则了；它们在望远镜中看来比较动人得多，但这是因为它们离我们近——正像月亮看起来比参宿四是动人得多一样。它们大半看来像一阵阵喷射过去的烟，就像在一所房子和一个草堆失火了的时候所看见的一样。

我们已经看到，当天文学的知识还很浅薄的时候，很自然地大家都想象着星辰的行列是永无止境的，不论一个人深入空间多么深远，都会一直遇到更多的星辰。这就像一个身在城市的小孩子，以为路灯柱毗连相接永无止境一样。可是我们现在已经知道了如果我们在空间走过一段路程的话，我们所到的地方，星辰便会逐渐稀薄而最终消失不见：我们那时便出了银河到了空间的深远之处了。星辰就像一座大城中的灯光一样，可是没有一座城，不论它多么大，能够永远扩张毫无边境的，所以只要我们走得够远了，就会最终出城来到那黑暗的乡间的。

不过这还不是故事的全部。我们现在已经知道这以银河为边[①]的车轮形的星辰系统还不是空间中唯一的星辰系统。在银河之外的远处还有一些别的城市，各有各的灯光系统。围绕着我们这城市的空阔的乡间并不是一切东西的止境；如果我们继续在空间中再走很远很远，我们便有时候会遇见另外一座城，那城中的灯光也都是一些和围着我们太阳的星辰相似的东西。让我们来解释一

① 银河并不是银河系的边界而是银河系的整体。

下这句话的意思。

当我们在海上走远了的时候，我们是不能把岸上的一座城市的灯光看成一个一个的光点的；它们都渐渐跑到一起去形成了一种混杂的光云。然后当我们的船只将我们带近岸边的时候，我们就开始看到了分离开了的灯光，先看到最亮的，后来连微弱的也看得见了。

在遥远空间中的星城也是和这一样的。我们无法走到他们面前去，但是我们逐渐增强的望远镜的力量却在某种意义上可以说是把他们带到我们面前来了，于是就在最近几年来我们已经开始看到他们的个别的光辉，并且认出他们究竟是什么了——都是和我们这里一样的星辰。但是它们的性质却在尚未确定以前早有人猜想过了。一七七五年，哲学家康德（Kant）就把它们描写为“许多恒星组成的系统，它们那遥远的距离使得他们所在的空间显得十分狭窄，竟使那些单独不能被看见的光，由于极其众多的缘故而以一种暗淡微光的形式抵达了我们这里”。

图三十九 猎户座大星云，来自美国国家航天局、欧空局、M. 罗伯托与哈勃太空望远镜猎户座宝藏项目团队

因为他们只被看成暗

淡的光的云，它们便被叫作“星云（Nebulae）”，这个拉丁文的本意原是雾或云的意思。但并不是所有的星云都是一群星的。真正的星云有截然不同的两种，这可以由它们的形状分辨出来。第一种的形状是规则的，或者说是相当规则的。第二种的形状就完全不规则了；它们在望远镜中看来比较动人得多，但这是因为它们离我们近——正像月亮看起来比参宿四是动人得多一样。它们大半看来像一阵阵喷射过去的烟，就像在一所房子和一个草堆失火了的时候所看见的一样。而且他们实在也可以说不过是我们本星城中的烟被本星城中的光照亮了而已；它们都是成群成阵的灰尘和发光的气体，在银河界内从这颗星伸展到那颗星，并且在天上形成了光明的和黑暗的斑块，也就很像一处平常失火了的地方的烟与火焰在天上形成了光明的和黑暗的斑块一样的。

两个这一类星云的例证，都是在猎户星座中的，已经在图三十九和图四十中表示了。第三个在天鹅星座中的是在图四十一中表示着。

图四十　马头星云，来自美国国家航天局、欧空局、哈勃遗产团队

图四十一 面纱星云，来自美国国家航天局、欧空局、哈勃遗产团队

远处空间中的大星云

另外一类形状比较规则的一些星云便是遥远的星城了。它们都离我们那么遥远，竟连在最有力量的大望远镜中直接观看时也非常不能动人。它们的微弱的光辉在我们的眼中实在不能造成多大的印象。它们中间最明亮的一个，仙女座的大星云，被天文学家马留斯（Marius）描写成：从角筒中望见的一支蜡烛。要想明白这些星云是什么，我

们必须让它们的光在照相底片上一小时又一小时也许甚至一夜又一夜地自己印上去。这样做过之后，分离的、个别的光才从星云的整个光中开始浮现出来，这些证明它们都是些星辰。我们知道它们都是星，因为它们中有很多不会误认的造父变星，也表示出它们所特有而我们所熟悉的光的强弱变更。这真是非常好的运气，因为，正如我们已经知道的，我们能够根据眼见的光的强弱说出任何一颗造父变星的远近来。星云中的造父变星显得非常的暗弱；但我们既然知道它们本身都是非常明亮的，所以这就证明星云离我们非常远了。

我们的确还需要一根很长的码尺来量一量这种距离。光在一分钟内走一千八百万千米，因此一年内便差不多要走十万亿千米。天文学家便拿这个距离来做量远近的单位，即是光年。人说一小时的路，便是说一个人在一小时内所走的路。同样的，天文学家说到一光年时，他的意思也是指的光在一年内所走的路程。

最近的星辰

我们已经看到最近的一个球状星团的光怎样要一万八千四百年才能达到我们，或者照我们此刻已知的说，最近的球状星团是离我们一万八千四百光年了。但是最近的一个星云（如此前所提醒的，本段之所谓星云，都是现代所谓“星系”，所谓“星城”，指的也是星系），三角座（Triangulum）中的M33却离我们有八十五万光年；它比最近的球状星团还要远四十多倍。

我们现在所见的球状星团上的光开始走辽远长途的时间还远在人类有文化之前，但即使是从最近的星云上来的光，它出发时地球上还根本没有人类。假如地球上的第一个居民曾经建筑一座无线电台并且发一个信号，发送到所有空间的各地询问宇宙间还有无其他有智慧的存在物，他的信号至今也还未达到那最近的星云。

便是银河系中最远的一个球状星团离我们也还不够最近的一个星云的距离的四分之一的。我们把所有的星团都留在身后以后还要再走过四倍远的路才能遇到星云的。既然球状星团便是银河的边境，这当然表示星云是完全在银河之外了。如果我们要把伦敦来代表我们自己的星城的大小，空间远处的最近的星城便是在剑桥（Cambridge）附近了；其间却完全是一片旷野。

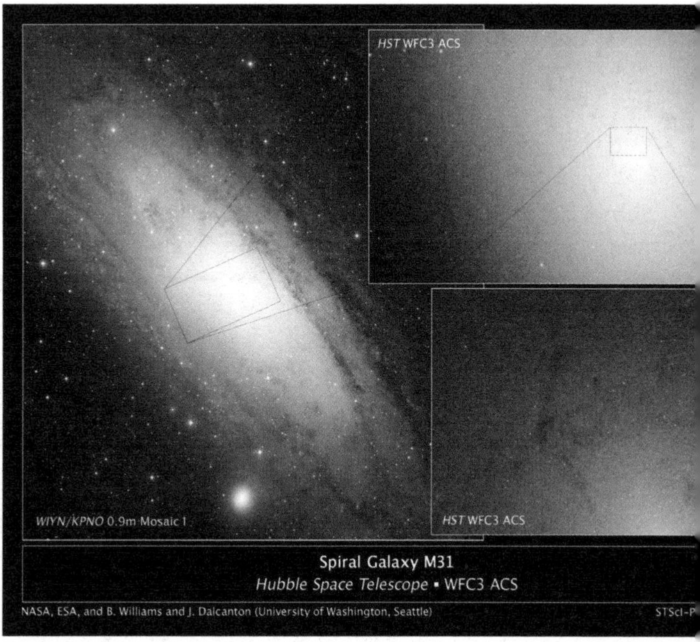

第二个最近的星城只比这远一点儿，距离是九十万光年。如果最近的星云是用剑桥来代表，这一座便很合适的位置在牛津（Oxford）了，这便是仙女座大星云，这是所有空间远处的星城中最著名的一个，而且是唯一的能够用肉眼清晰看见的。它的位置差不多是在仙女座第二星之北。当作美景来看，那一定得承认它会使人失望的，但是也许一生中看它一次也还值得，只要想到当你望着它的时候，你的眼中视网膜上映出的光是曾经毫无间断地旅行过九十万年的路程才到达你的就好了。九十万年前在这遥远的星云上由于电子的跳动而产生出的光波从那时起便毫无阻碍地通过了空间，而现在进了你的眼睛它们才碰到了自离星云后第一次遇到的固体。它们是在一种不间断的连续序

图四十二 仙女星系核心，来自美国国家航天局、欧空局、哈勃空间望远镜

图四十三 仙女星系局部，来自美国国家航天局、欧空局、哈勃空间望远镜

列之中来的，每秒钟五百万亿陆续来到，而将你的眼睛与星云联系起来的光线却有充分的光波可以连接九十万年不断；谁要喜欢算数，谁便可以去计算那个确数的。

并没有多少星云可以近得使我们能够分辨出它们中的造父变星来。当我们能那样做的时候，我们就可以立刻计算出这星云的大小与远近，可是在大多数的情形中是必须用别的方法的。

假如有一些完全相似的东西摆得离我们远近不同，看来它们当然要有不同的大小，但是它们的表面亮度却不被远近所影响；如果有了空间的黑暗隐蔽物自然是会改变的，但除了天空的少数特殊部分之外我们是很有理由认为这一点是可以完全不必管的。威尔逊山天文台的哈勃博士

图四十四　后发座星系图，来自美国国家航天局、欧空局、哈勃遗产团队

（Dr Hubble of Mount Wilson Observatory）发现了所有同样形状的星云都显得是有同样的表面亮度，只有眼见的大小不同。这便能使我们想到它们都是相似的结构，只不过离我们远近各不相同而已；因此我们就能从它们的大小或者从我们所接收到的它们的光的总量说出它们的距离来了；简单地说，星云越显得小而且暗，它就越离得远了。图四十四表示后发座（Coma Berenices）中的一团星云的状况，它们的距离大概是五千万光年；这一部分天空中星云特别密集，因此这张图的星云比星还要多。图四十五中是飞马座（Pegasus）中的更远的一团星云。其中每一个不清楚的点子都是一个星云，一共有一百六十二个；假如我们能够离得更近些去看它们，它们中有许多都会显出极庞大而且复杂的系统，我们的大望远镜中所发现的最远的星云竟远得使它们的光要一万四千万年才能达到我们。

我们把银河星系和附近的两个最近的星云比作伦敦、

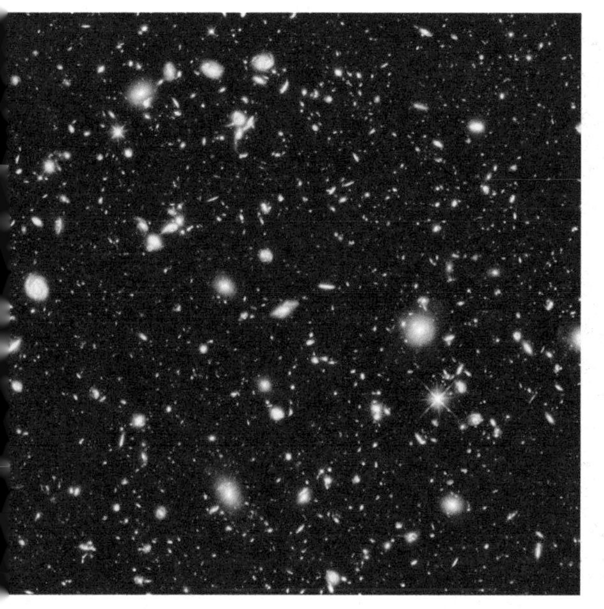

牛津与剑桥确是从许多方面说起来都很好的。最大的望远镜发现了约有两百万个星云，其中却没有一个，依我们所知道的说，是有我们自己的星城这样大的[①]，因此，一开始我们就做得很对，把这比作世界第一大都会伦敦。确实有许多天文学家都要认为银河星系是一些重叠的星城的集合，也正像伦敦是一些重叠的城市的集合一样，如果伦敦代表银河系的大小，剑桥与牛津也就正好代表最近的这两座星城的大小。而且在人口数目一方面这个比喻也还是和在空间分布方面一样好的。伦敦的人口大概有剑桥牛津的一百倍，而我们自己的星城也差不多比它的两位近邻都多包含一百倍的星数。然而看起来也许很令人吃惊，我们竟能够这样确有把握地说出星云中的星数，而那星云却是远得使我们只能看得见其中最明亮的几颗星。

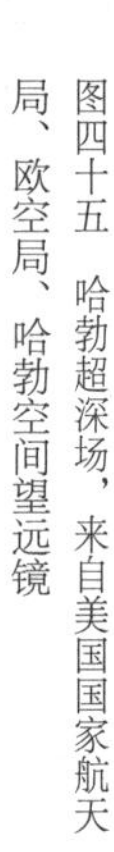

图四十五　哈勃超深场，来自美国国家航天局、欧空局、哈勃空间望远镜

① 现在我们已经知道，银河系并非宇宙中质量最大的星系，这里的表述说明当时人们的认知有误。

称重星城

我们已经看到我们自己的星辰系统银河系，是和太阳系一样扁平的了。它也正像太阳系一样是在旋转的情形中保持它的扁平形态的。许多星云也是扁平形的，因此我们也就很有理由地猜想它们也是借旋转而保持扁平形态的了。观测证明了这个猜想，因为这些星云确实都是旋转着的。而且这也差不多必然就是那种使得边上的星不至于落到中央去的旋转运动。如果我们知道了这运动的速度，我们便能算出那向着中心的引力，因此也能给星云称重——正像在家的附近我们称太阳、木星或全银河系的星辰一样。中等星云的重量被证明有太阳重量的三十亿倍。

图四十六　飞马星座中的尘埃复合物

这并不一定是说每一个星云中都有这么多的恒星。所包含的全是星的星云即使有也是极少的；它们中间的大多数都有一个中央部分，那一部分看来与其说是星的云，还不如说是气体的云。无论如何，现有的望远镜中还没有能

够把它分析成星的。它也一定有和同等重量的星一样的引力，所以这一团气体的云，或不管它是什么，也是在我们所计算的星云重量之内的。但是如果这些眼见的气体的云还没有包含星的话，看起来它们也一定要在相当的时间之后变成星的。我们要这样想的理由如下。

星云的进化

我们比作剑桥与牛津的两个星云都大致像薄饼一样扁平。我们自己的星系——银河系也是扁平的，虽然还未

图四十七 美国航天局 Tess 任务发现太阳系外行星的艺术想象图

图四十八 a　NGC 221，美国国立光学天文台

图四十八 b　NGC 3379，斯隆数字巡天

图四十八c NGC 3115，卡内基-欧文星系巡天

图四十八d NGC 4621，斯隆数字巡天

到那样极端的程度，但并不是所有规则形态的星云都是扁平的。图四十三、图四十四，就表示了所观测到的星云的各种不同的形式。我们看到有的简直圆得像一个球；又有些略带一点儿扁，像一个橘子；别的便更加扁些，一直逐渐扁下去，最后扁平到像我们的两位近邻那样。我们可以依照扁平的程度来编排出星云的各种不同形态来，正像我们可以把一堆珠子依照大小，或颜色，或形状，或其他单一的特点排列起来一样。在第四十八图、第四十九图中，它们便是那么排起来的。

然而当我们把星云依照扁平的程度排起来时，我们就能发现一些别的特点也是依照这个顺序逐渐变化的。这就像是我们把一堆珠子穿在一根线上，最大的在一头，最小的又在一头，随后又发现不仅是大小，便连形状和颜色也顺着这根线逐渐变化了，因此在试验着依照大小排列珠子的时候我们已经无意中同时把它们按照颜色和形状排列起来了。举例说，我们发现了大致是最扁平的星云便都最大，最大的也都最扁；我们照扁平程度的排列也就是照大小的排列了。在形状方面也是如此：两个有同等扁平程度的星云大半都差不多有同样形状，依此类推。简单说来，几乎所有的有规则形态的星云都可以排成一道次序，像一根线上的珠子一样，而所有它们的特点都顺着这根线逐渐变化的。

或者我们再回到我们之前的比喻，这又像我们要开始区分一大群狗一样，我们先依照它们的大小排起来，接着便发现我们已经同时把它们依照重量、高度、毛的长短等等排起来了。我们那时便会断定所有这些狗都是属于一个种族的，而且也还会猜想到我们排列的次序大概是也按照年岁的增加而排成的。

图四十九a NGC 5746，美国国立光学天文台

图四十九b NGC 4594，美国国家航天局、欧空局、哈勃遗产团队

图四十九 c　NGC 5866，美国国家航天局、欧空局、哈勃遗产团队

图四十九 d　NGC 5866，美国国家航天局、欧空局、哈勃遗产团队

同样的，我们也可以说大多数的星云是同种的，而且看来很可能它们可以排列成的那个次序只是很简单地按照年岁的增加而排成的（这个看法是不完全正确的。固然星系有其演化过程，但不能说其演化的最终结果也一样，进而忽视了星系之间除演化阶段以外的性质差异），或者更确切一点说，是依照逐步发展的阶段。（把不同星系形态当作星系演化过程中的不同阶段，这固然是一个很直观的思路，但后来的深入研究已经表明，这是对哈勃序列一种错误的理解。）不管它们有着怎样显著的表面差异，不同的星云大概是主要的在发展的先后这一方面不相同的，正像一些由婴儿、小孩、少年、成人、老者排成的一队人一样。

星的诞生

另外还有一个特点是我们到现在还不曾提到的，它也随着我们的这道星云的线逐渐变化；它也许便是其中最重要的特点。这根线的一头是一些完全不扁平的星云，圆得像板球一样的星云。这些星云中的任何一个也不能看出有星来：它们看来就像只是一些混乱的气体的球或者混乱的灰尘的云[①]。我们顺着线走，星云是越来越扁了，但好久我们还不能看出一颗星存在于它们中间。只是当它们变得非

① 椭圆星系，可能由于距离通常比较遥远，在当时观测效果不是很好。

图五十 小麦哲伦云，来自欧空局、哈勃遗产团队

常扁平的时候，才有星辰开始出现。这些星起先出现在星云的外缘，在靠近星云的边疆的区域中。于是当我们到了更扁平的星云的时候，有星的部分便渐渐占领了星云大部分领域，一直到最后连中央也屈服而碎成星辰了。不错，哈勃博士确实曾经表明过，图四十八、四十九和五十一中的次序还可以极自然地延长一下，首先，再加上我们的空间的近邻M33，其中差不多全是星的，其次再加上小麦哲伦云（图五十），其中便完全是星了。那时的星云便只是一团星的云——是我们所讨论过的那种星城了。

这样一来，我们的星云的线或次序就开始于像毛蓬蓬的无定形的气态球一样的东西，而终结于一个星城了。无论如何我们都很难拒绝这种猜想，说这个次序是依照逐渐发展的程度排成的，因此当我们顺着它看过去，那原来是一团无定形的气体的云也就凝结成了星体了。而且我们还能够用数学方法来检验这个猜想，我们能算出一团热气体年纪大了渐渐冷却时会怎样变化。我们发现这气体一定曾经过我们的星云的线上所表示的种种形态的那个次序而最

图五十一a NGC 2841，来自美国国家航天局、欧空局、哈勃遗产团队

图五十一b NGC 5457，来自美国国家航天局、欧空局、哈勃空间望远镜

图五十一 c NGC 7217，来自美国国家航天局、欧空局、哈勃空间望远镜

终成为一大团星体。更进一步，我们还能算出要形成每一颗星应该有多少定量的气体——换句话说，我们能够说出这样造成的星的重量。非常准确的计算当然是不可能的，因为我们还不是很清楚那原始的气体的情形，但是就算只有这一点儿知识已经能很明白地看出，照这猜想形成的星一定会与实际的星重量恰好相差不多了。

这便使我们的猜想有十之八九可靠了，星辰不是别的，只是气体的凝固了的点滴（当然要依天文学上的比例说），它们都是由成团的星云的气体凝结成为分离的颗粒的，很像一团蒸气结成为水滴。

这也非常简单地解释了为什么星辰都聚成大群——结合成为星城；每一座星城都是一个星云气体球的结晶。因此我们必须把有规则形态的星云不单当作星城的住址，还要当作它们的出生的地方了。它们便是在那儿诞生，长成，老死。当我们把实际星云的照片摆成我所说过的那种次序——球形星云在一头，扁平星云在另一头——再依次看过去的话，我们便看到一团混沌缓慢而连贯地变成了一大群星辰。实际上我们就是在研究星的产生了。

我们立刻就能发现为什么所有的星都有差不多的重量（恒星的重量有一定的差异）；这就是因为它们都是由同一的过程产生出来的缘故。它们几乎是像由同一的机器产生的工艺制造品一样的。

星的演化

当然星体并不能永远保持它刚产生时的重量。我们早就见到它们怎样连续不断地失去重量，摧毁自己的物质变成辐射了。虽然大家还有许多不同的意见，但大多数天文学家都公认，普通一颗星生下来像一个毛发蓬松身体很大的婴儿。星的婴儿和人的婴儿的不同也就在这一点：它们越老便越轻越小，而它们的光度也随着同时暗淡下去。如果这种看法是对的，我们的太阳便不仅每一秒钟要失去四百万吨的重量，并且也要缩小体积而且减弱光辉的，如果我们在时间里往前看得十分远的话，我们便会看到它缩成一颗“老人”星了——也许会是一颗白矮星，像天狼星的微弱的伴星一样。它那时便不会有充分的热使地球上的东西不结冰了，因此大概在那时以前所有的生命都要从地球上消失的。（太阳在演化后期会变为红巨星，包层膨胀到地球半径，然后将地球吞噬，等不到结冰了。）

虽然如此，我们不妨不再往前瞭望那有些使人不欢的将来，而是把目光在时间里回转过去，看一看我们太阳过去的历史。首先我们看到它只是一颗婴儿星——一个比起现在来更毛茸茸的、更大的、更明亮的球。再往后看去，我们便很难把它叫作一颗星了，它那时和别的一些相同的团块混杂在一个混沌的气体星云中——那星云便注定最后要凝结成为我们的星城。而且在全空间还散布着许多别的气体星云，而那些星云也都会在一定期间中形成别的星城。

星云的产生

我们还可以在时间里更往后看远一些，虽然那就几乎大半是揣测之辞了。就当作一场揣测吧，我们不妨想象在时间一开始的时候，整个空间都充满了气体，正像一座大厅和大教堂中充满了我们所呼吸的空气一样。于是我们便能证明这些气体并不会停留在空间中不动，而必须立刻开始分化凝结成一个一个的球。我们又能计算出要造成每一个球需要多少气体。而这些计算的结果是很值得注意的；

我们发现每一个球所包含的气体都正好和我们相信注定要形成星城的星云所包含的一样多。

这就使我们大概可以认为宇宙间的物质开始于一致充满空间的气体，而星云就产生于这种气体的凝结了。如果这种揣测不错，我们就可以凑成一篇宇宙进化的故事了，就像下面所说的那样。

宇宙的历史

我们从时间的开始说起，那时所有注定要成为太阳与星辰、地球与行星、你我的身体，以及从太阳从星辰出来的辐射之流的原子，都还混杂在一起形成一个充满全空间的气体的混沌大块。既然每一点气体的引力都要在所有其他部分的气体上发生作用，于是渐渐有了交流。不论什么地方有了这流动所形成的轻微的气体积聚，那儿的引力就增加了一些，因此每一集团就要更多吸引一些气体进去；大自然只是依从那“已有者必更有”的法则。这些成功了的气体集团就逐渐生长成巨大的团块并且更陆续吞并那些失败的集团，损人以肥己，正像地球、太阳、行星在引力作用之下成为规则的形态一样，这些凝聚的气体也开始有了规则的形态：它们就成为我们所称为有规则形态的星云了。那些产生它们的气体交流现在就使它们旋转起来，因此它们的形状也就不能是严格的球形了。起先它们是橘子形，正像我们旋转着的地球一样。因为它们渐渐收缩，它们的形状也不断地改变，于是也就越来越扁。我们又看到这些气体的边缘凝成了分离的个体，于是星辰便产生了；无定形的星云变成了星城，而这些星城生下来便是扁平的，又因为旋转而得以继续维持它们的扁平状态。

现在我们一面看着这一出伟大戏剧的排演，一面我们可以注意到一颗特别的星，我们的太阳遇到了一件我们曾经描写过的非常事变。另一颗星接近了它（从前没有过一颗星离它这样近），因此引起了极高的浪潮（也是从来没有过那样高的浪潮）——像极大的气体火山一样的大浪游过太阳的表面。最后那另外一颗客星竟来得那么近，使任何人站在太阳上望去它都要遮满了大部分的天空。一面既是如此，另一面那客星的引力也大得无以复加，竟把这火浪的尖顶捉跑，而这捉掉的一块又自己凝成一团一团。这些团子便是行星，其中有一个较小的便是我们的地球，起始它也是一团混沌的火的气体，但是一面逐渐冷却，一面它的中心也就化为液体了。过一些时候它竟冷却得有一层硬壳罩住了表面[①]。再过这时，它又冷了一些，这层硬壳上便出现了新的奇迹。一群一群的原子开始连合成为一种有机的组织，这个我们便叫它作生命，虽然我们还一点也不知道它们的性质和它们怎样开始存在的经过。不论这种生命究竟是什么，它却有一种特殊的生殖能力，而可以这样繁衍下去，同时也就造成越来越复杂得多的组织。最后我们便看到我们自己站在时间开展下来的这一个尽头，而且代表地球上直到现在所存在过的东西中的最复杂的有机体。在其他太阳的其他行星上有没有更复杂的生命，或者较简

---

① 从这段描述可以看出，20 世纪 30 年代人们对行星形成的理解与现代行星形成理论完全不同。这在此前的批注中曾经提到过。

单的生命，或者也许根本就没有生命，我们简直就一点儿都不知道。但是当我们回头去看这时间大长廊中的几乎无穷无尽的景物的时候，我们知道了我们的种族绝对无疑是宇宙间的新客；我们短促的过去在宇宙的历史中仅仅是时间中的一点而已，背对过去，面向未来，我们又看到未来延展下去比我们的过去还要长千倍万倍甚至以百万计的倍数的——未来是比我们心中所能想象的任何东西都要悠长的。我们觉得我们有十之八九是正在我们这种族的生命史的起头；我们还只是在一个几乎不可想象的无限长的白昼的黎明时期呢。

小麦哲伦星云

第八章

宇宙壮观

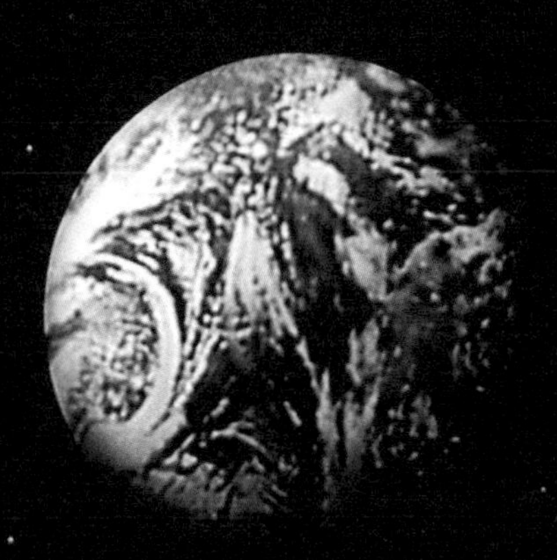

因为地球表面是向自身弯曲最后合了起来，所以从伦敦到新西兰去便有两条道路可走。一个旅行者可以向东方走苏伊士运河过印度洋，他也可以向西方经过美洲流转的星辰 170 和太平洋的。每年夏季有很多新西兰人到伦敦来，有的走这条路，有的走另一条路，因此当他们在伦敦相遇的时候，有的从东方来到，有的却从恰恰相反的方向——西方来到。

一个世纪以前，天文学还很少讨论太阳、月亮、行星之外的天体——差不多都只限于我们所描写为太阳家族的这一小群。今日我们的主要的研究却已经是详细考究那些星辰与星群，如我们最近的邻居半人马座星的三合星系了。这些星辰与星群综合起来就成为银河系，这是一个以银河做边疆的极庞大的星的集团。同时，天文学又发现了就连这个庞大的系统自身也还只是许许多多相似的系统中的一个。现在的情况大概可以用三句话来总结：

（一）地球只是太阳家族的一分子。

（二）太阳家族只是银河系的一分子。

（三）银河系只是空间的星城系统的一分子。（再次提醒，这里的“星城”说的都是“星系”。）

这便是天文学直到此刻所走到的最远的边界了，但是我们也许还想知道千年以后的情形又会变成什么样子。上面这三句话是不是还能充分表示天文学的现状，还是需要新的类似的话来补充呢？换句话说，我们会不会再发现这整个的星城系统只是另一个更大的系统的一个单位，而那系统也许又是另一个更大的东西的一个单位呢？

这已经是一个陈旧的问题了。早在一七五五年，康德（Kant）就已经在他的《天体理论》（*Theory of the Heavens*）中写道：

如果地球在中间只是几乎看不见的一粒沙的行星，世界的伟大性已使我们的智慧中充满了惊异的话，那么，当我们看到那些充满银河范围的无限的世界与各样系统的大集合，又该怎么样的惊愕不已呢？但是，当我们又知道了，事实上所有这些极大的星辰世界的系统又只是一个我们不知道范围的总数的一分子，而那一个又像前一个一样也是一个不可想象的庞大系统，但又只是一个新的集合中的一个分子，当我们知道这样的事实之后又该怎样加倍吃惊呢！我们看到许多世界许多系统的一步步加多的关联中的起头少数分子；而这个无限的进展的第一部分已经使我们能够认识全体该被推测成怎样的了。此地已没有了终结，只是一个真正的无穷之深渊了，在它的面前，所有的人类智慧能力都只有望洋兴叹罢了。

这是一个很动人的猜想，但是现代科学并没有将它证实。反过来，现代科学倒告诉我们这个星城系统已经构成了完全的宇宙。如果这宇宙之外还有什么东西，那就只能是另外一个完全的宇宙，和我们这个宇宙丝毫没有关系，因此前面那三句话便已经完全，不容许再延长推演下去了。

宇宙的模型

我们曾经将空间的大星云比作星的城市。我们拿伦敦代表我们自己的星城，我们的太阳在其中只是一个很平常的市民，而其中最远的分子变成了银河。于是我们又看到了空间中最近的两座星城便可以很适合地比作剑桥与牛津。在伦敦和剑桥或牛津中的每一英寸（2.54 厘米）地方都要代表星城中的大约二万亿公里的路程，也就是光要走三个月的路程。在伦敦与剑桥或与牛津之间的旷野中的每一英寸的地方也要代表空间中的与上面同样远的路程。

做这些比喻的时候，我们实际上是在造一种依比例尺缩小的我们自己的星辰系统与它的空间的两位近邻的模型。不用说这模型是缩小了不知多少倍的。在这模型中把地球绕太阳一年的路程缩成了一个直径只有八千分之一英寸的显微镜中的小点，并且把整个太阳系，一直连冥王星的轨道都在内，也缩成了只有一粒沙那么大。所有我们能用肉眼看见的星都在这粒沙的周围几米内；其中，自然有一大半是在几尺之内的。半人马座 α 星的那个系统是在离开不到 46 厘米远的地方，而天狼星也远不到一米远。让我们现在就依照同样的比例把我们这模型继续建造下去吧。

地球上最大的望远镜显示了约有两百万个有规则形态的星云，因此我们的模型中也必须能容下两百万座星城。伦敦、剑桥、牛津确实是我们直到现在所讨论的三种星城的很好的代表，不过它们比起空间中的普通星城来距离太近了一些。其中大部分都是并不像我们与我们的近邻这样凑巧聚在一起的；我们住的简直还是空间中人烟稠密的地方呢，在一般的例子中，一道光或一通无线电报必须经过差不多二百万年才能从一座星城传到空间距离最近的另一座星城。当我们想到从一座星城发一道火光信号到邻近一座星城，并且得到回音，这件事所需要的时间已经是人的一生的六万倍的时候，我们便不得不觉得我们在宇宙间真是一些渺小的蜉蝣般的生物了。

图五十二 旋涡星系 M51，来自美国国家航天局、欧空局、哈勃遗产团队

图五十二中所表示的一些星云离我们就有五千万光年之远，在我们的模型中也便必须放到离伦敦约有五千公里以外的地方去；它们可以用美国东部的一群城镇来代表。

我们在空间中所见到的最远的星云离我们约有 1.4 亿光年——它们的光需要 1.4 亿年才能达到我们这里。若把我们自己的星城比作伦敦而我们最近的邻居比作剑桥的话，这些最远的星城就必须放到离伦敦约一万三千公里外的地方去。

我们现在到了哪儿了？在地球表面上从伦敦出发旅行一万四千公

里就要将我们带到合恩角（Cape Horn）或西澳大利亚（Western Australia）或中波利尼西亚群岛（Mid-Polynesia）或者到南极洲（Antarctic Continent）去了——我们可以把最远的星云放在其中任何一个地方，它们离伦敦的距离照我们的模型的比例尺说来都是不错的。这些星云加上那些不那么遥远的星云，就差不多要把整个地球表面遮满了，只有澳大利亚和新西兰周围一小部分还空着——更确切地说，这个圆圈的中心（半径约不到六千千米）是正在南太平洋（Southern Pacific Ocean）中间。如果我们在地球表面上造我们的模型，我们已经没有更多的空地去代表空间更远的地方了。

可是我们必须记起现在美国的天文学家正在计划建造一架比现在所有望远镜更能深入空间两倍之遥的大望远镜；他们当然很有理由希望不久就可以发现比我们刚才所讨论的还要远两倍的星云。如果要把这些新的星城放在我们的模型中，我们就必须把它们放离伦敦有两万七千公里（27358.85 千米）的地方。

但我们只要还停留在地球表面上就办不到这件事。要在地球表面上旅行两万七千公里是极其容易的，但是这却不能把我们带到离伦敦两万七千公里以外的地方去。实际上这差不多要把我们带回伦敦来了，因为我们已经周游地球过了四分之三了。这也许会使你想到，把地球表面当作空间的模型是很不适当的；你会以为我们应当另选一个我们可以在其中想走多远便有多远的东西——无穷无限。如果真需要那样的话。

不仅是康德在一七五五年这样想过（如我们前面所引证的那一段），甚至连二十年前，大多数的科学家也都是那样想的。然而现在我们却认为至少在有一方面地球表面是很好的空间模型。

这个模型的好处正好在于它不是无穷无限,好在它有一定的限度,好在它并不包含极大的空地让无尽的星城伸展到无尽的空间深处去。

有限的宇宙

我们已经看到直到近来天文学家还没有什么大的兴趣去管太阳、月亮、行星以及几颗最近的星以外的事。这却并不是我们有意要那样的。他们落后的望远镜实在不足以供他们考察辽远的空间深处;不管他们愿意不愿意,他们也只得自限于家的附近。他们就好像古希腊的水手,在三千年前,只考察了爱琴海(Aegean Sea)中的几个小岛。这几个小岛便是他们的全部世界,因为他们没有办法航行得更远,他们不去管那围绕他们的大洋究竟会有几百公里、几千公里,还是几百万公里;他们无论如何没有希望到更远些的地方去。

后来人类学会了怎样去增加他们的船只的大小及能力,也同时增长了他们自己的航海术。海面上的旅行便越来越长,一直到了麦哲伦(Magellan)和德莱克(Drake)的伟大时代中船舶才周游了全世界再回到原来的出发点。

那时整个世界才放在人们面前等待开发了。可是,比这更进一步,世界的大小现在也已经知道了。又已经证明了地球的表面并不是延展到无限远的;于是就只有一个有限的定量在那等待开发和考察了,而且人类也有希望不久便能了解整个地球表面。其实我们现在,在四个世纪以后了，也可以说是差不多完全知道了。

今日的天文学所达到的阶段差不多和四百年前的地理学所达到的相似。早期的天文学家并不去管空间究竟有限无限等等问题，因为他们自知，无论如何更远的地方绝不是他们的能力所达到的，正像澳大利亚绝不是爱琴海中的古希腊水手能够达到的一样。但是现代的天文学家却把宇宙看作了一个有限的空间，正像地球表面一样的有限，所以如果他还没有熟悉整个宇宙，他也很有理由希望他不久就能办到。今日的我们已不再去想什么广漠的未知未测的深远的空间从我们周围各方面无穷无尽地伸展延长了。我们已经开始像哥伦布（Columbus）和他以后的麦哲伦与德莱克看地球一样地看待宇宙了——看作非常大可绝不是无限大的东西，看作我们可以决定它的限度的东西，看作可以当一个完全的整体来想象来研究的东西，看作（如果你要那么说）可以周游一圈的东西了。

所以这就说明了为什么至少在有一方面地球的表面是很好的空间模型了。如果我们在地球表面上一直往前走经过很久的时候，我们便回到原来的出发点；我们已经环绕世界一周了。现在科学也相信如果我们能在空间一直前进，经过长久的时光，我们也一定会回到原来的出发点，我们一定也会环绕宇宙一周的。

这种相信的理由在本质上并不是天文学的，而且也不是一个天文学家发现了空间必然像地球表面一样弯曲的；发现这一点的是数学家兼物理学家的爱因斯坦。如果他的相对论是真的，空间便不能无限延长下去了；它一定要像地球的表面一样地弯折过来。

现在你们一定要问究竟相对论这种理论是不是真实可靠了？我不能确定无疑地答复你们。我能说的只是我们所进行过的所有检验相对论真实性的实验都决定了它的优越。因此今日的科学便毫不迟疑地接受了这个理论和它的结果。而其中最主要的几点之一便是空间，并非无限却向自身弯曲因此最后合在一起，正像地球的表面一样。

因为地球表面是向自身弯曲最后合了起来，所以从伦敦到新西兰（New Zealand）去便有两条道路可走。一个旅行者可以向东方走苏伊士运河（Suez）过印度洋（Indian Ocean），他也可以向西方经过美洲和太平洋的。每年夏季有很多新西兰人到伦敦来，有的走这条路，有的走另一条路，因此当他们在伦敦相遇的时候，有的从东方来到，有的却从恰恰相反的方向——西方来到。同样的，如果空间也像地球表面一样，也就一定有两条路可以从宇宙中的一点达到另一点了。如果我们还拿伦敦来代表我们自己的星城，那么一座在地面上等于新西兰的空间中的星城就会把光向四方放射的。有的光一定会达到地球上，于是我们由此看到了大星云。但是这座星城一定还要向恰恰相反的方向放射光的，而其中也一定有一些顺着环绕空间的另一条道路达到地球上面的，因此我们也可以从这一道光看到那座星城。从同一座星城来的光一定会从两个相反的方向到达我们这里的，正像新西兰人到伦敦一样。因此我们也一定能从恰好相反的空间的两方向望见那同一座星城。

现在举一个确定的例子，在空间离我们最近的星城便是三角座的M33。假如光能够环绕着整个空间旅行，这个星云发出的光便一定会有一些从那些与三角座正好相反的方向达到我们，因此我们向那正相反的方向看去也一定会看见M33星云，不过当然只能看见很小很暗的一个东西，因为我们所看见的光已经是差不多环绕了宇宙一周才能达到我们。同样的，如果我们向着与仙女座正相反的方向望去，我们也一定会看见我们空间的第二位近邻，仙女座大星云，而且也看成一个很小很暗的东西。

于是当我们把望远镜转过去对着正和我们的两位近邻的位置相反的方向望去的时候，我们也确实看到了两个很小很暗的星云。有人便认为我们看见这两个星云，便是确实看见了我们的两位近邻绕过了空间悠长的旅程而达到我们的，正像在伦敦一位听无线电的人可以听到达文特里（Daventry）的非常微弱的音乐绕过地球，经过三万八千公里而达到它的天线一样。这个猜想是很动人，但是我恐怕这是很不可靠的，因为它是不可证伪的。所有的事实都会证明空间太大而我们的望远镜太小，还不足以把它看成一个圆圈，正像地球太大而一个普通的无线电收音机太小，不足以听到环绕地球到达的广播节目一样。

我们主要是要明白空间的有限是像地球表面的有限，可并不像这固体地球的有限的。固体的地球也是有限的，但情形却完全不同。如果我们在这固体地球上循一直线前进，我们一定会有个时候碰到不是这固体地球的东西；我们掘了一条地道通过地球，又出去到空阔的空气中了。另一方面如果我们在地球表面上循直线前进，我们就永远也不会碰到不是地球表面的东西的。空间就像这样，我们不能通过空间到一个不是空间的地方。

如果我们把空间比作一个球形的肥皂泡的薄膜，也许我们可以得到一幅更好的图景。于是我们自己和所有的空间中存在的有形东西以及所有旅行在宇宙中的光，都必须比作一种东西，这种东西只能在肥皂泡薄膜中生存而绝想不到出薄膜一步。爱因斯坦的相对论便证明空间是有限的，正和肥皂泡的薄膜一样。

膨胀的宇宙

近年来又有了一些惊人的进展。无论哪个小孩都知道要吹成一个肥皂泡是极容易的，但是要把它保存一两分钟以上可就不大容易了；吹成了以后它就很容易爆裂而消失。最近才发现宇宙也很像这么一回事。因为比利时的数学家勒梅特（Lemaitre）证出爱因斯坦的宇宙是有像肥皂泡那样的性质的。它是不固定的，虽然并不完全像用一根管子吹成的肥皂泡那样。宇宙的这种不固定的性质便使它的形状不能永不变化。它一开始存在时便立刻向外膨胀，而且必须继续无限扩张下去。它并不像一个我们已经吹成，已经脱离管子的肥皂泡，却像是我们还在不断吹着的一个肥皂泡；它永远越来越大，而且一定要再大下去，一直大到时间的终了。既然肥皂泡薄膜越发扩大，它也就越来越薄，而且它上面的各个部分也就越来越互相离开得远了。因此随着宇宙不断地扩大，空间分布的各色各类的东西也就越来越稀，而那些星云，肥皂泡的薄膜上的星城，也就互相离开了。就拿现在来说，其中就已经有大多数都远得要用极有力的望远镜才能看见了；再过一些时候，它们还会移动得更远，因此我们还需要更好的望远镜。

不错，我们还必须料到一种比这更坏的情形的。因为一个扩张的宇宙不仅是不断的扩大，而且它的扩张的速度也是逐渐增加的。于是有一个时期一定会到来的，那时它扩张的速度已经大得使任何光线都不能来得及环绕它一周了；当光走了一百万公里的时候，宇宙的圆弧就会已扩张到两百万公里了，因此光的路程便比出发时更长了。要想去绕宇宙一周简直就像要去抓那已经开得比我们跑得快的火车一样。我也说过这样的时期一定会来到的；我还应该补充一句说，如果数学家的计算可靠的话，这时期就已经来到了；我们要环视宇宙一周，却可惜来得太晚了。

天文学家有一些办法可以测算出天文学中的物体离开我们或向着我们的运动速度，因此他们应当能够告诉我们是不是那些遥远的星云都在离开我们，正像数学家们向我们确切断言的那样。

星云的狂逃

然而测算一下星云运动的速度，结果却无疑地使人大吃一惊；因为这些测算的结果告诉我们那些星云实际上都在用一种可怕的速率离开我们四散狂逃。以一秒钟一千公里的速度逃走在星云而言实在是太慢了，多数的星云都比这快得多的。最后一个在威尔逊山天文台上考察的星云，便被发现它离开我们退走的速度是每小时四千二百万公里，或者说约是最迅速的飞机的二十万倍。

可是，也正因为这种眼见的速度实在是太大得惊人了，许多天文学家都怀疑是不是真是这样。如果真是这样，整个宇宙就必定是在膨胀——我们几乎都会说成爆炸了——而且是用一种可怕的速度（照天文学上的时间比例来看）在膨胀了，于是宇宙也就必定是比平常所相信得更要短暂而飘忽了。但一般的天文学上的证明却指着恰好相反的方向。

我们可以用种种不同的方法来断定星辰的年龄——从它们的重量、它们的形态、它们的运动等等——很像我们从一匹马的牙齿、外貌、动作上断定它的年龄一样。照我们现在能见到的说，所有的事实都要证明星辰已有万亿岁了。如果我们对于星辰年龄的估计是正确无误的，那么宇宙便不能真照星云眼见的运动所指示的那种可怕的速度扩张了。因为照这种的速度扩张下来，到现在为止也不过刚有几十亿年的，否则宇宙简直是生于乌有，或较于乌有更不及的什么之中了。

我并不认为我们需要怀疑那从中推演出星云的高速度的实际测算的。这一类的测算是很容易做的，而且也很有理由可认为是准确的。只是那在它们背后的原则很值得怀疑。许多的事态都能装扮出高速度退走的情形来的，大概也就是其中的一件应该负这种惊人的迅速状况的责任。

可是即使这些测算都完全错误，而且即使我们对它们的解释也全部错误——甚至于即使这种假定的速度也被证明完全是伪造的——可是宇宙看来仍像正在扩张的。勒梅特的数学工作证明它无论如何绝不能停住不动。唯一的问题只在它是不是用那由对星云的观察一下子便看出来的可怕的速度在扩张，还是用的另外较迟缓的速度。这仍然是一个很专门的尚未解决的问题：无疑，科学在不久以后一定可以发现其中真理的。它到现在还未办到，大概也是毫不足怪的，因为科学把全宇宙当作整体来研究还不过是近几年来的事。

宇宙的大小

假如宇宙只是刚刚开始存在而且还没有用任何可以觉察出来的程度扩张的话，那么它的弯曲度便只依赖其中的物质的分配了。从这一点我们可以计算出光环绕宇宙一周约需五千亿年。

另一方面，如果星云退走的眼见的速度代表宇宙的真正的扩张，而且不含其他作用，那么这还未扩张的原来的宇宙就必须比上面所说的更小得多；它一定小得光可以用八十亿年环绕一周的。现在的宇宙，扩张后的宇宙，自然更要大得多，但我们还很难说定它究竟大出多少。我们所知道的只不过是它的圆周决不能比五千亿光年更大而已。（如果整个宇宙并不扩张的话，它就只是那么大的。）

不论许多星云的眼见运动的解释中那一种是正确的，宇宙的圆周看来总是在八十亿光年和五千亿光年之间的一个数目上。这相差是很大的，可是在某种意义上说来，确数究竟怎样并不要紧，因为便是那最小的可能的数目已经远远超出我们的想象境界之外了。不论怎样，我们的望远镜所能透视空间的最远途程，一亿四千万光年不过是环绕宇宙全程的很小的一个分数而已。

宇宙的质量

在这一亿四千万光年的途程之内，约有两百万星云可以望得见。每一星云包含约有二十亿太阳的物质，因此我们的望远镜所见的范围中的物质总量大概是四千万亿个太阳。我们可以把这说成我们在望远镜中所能见的物质总量；全宇宙的物质总量当然要比这个数目大得多得多。

爱丁顿爵士（Sir Arther Eddington）曾经计算过，如果星云真是照它们表面看来的速度退走的话，全宇宙的物质总量就必须是一百一十万亿亿个太阳——差不多比我们在望远镜中所见到的又大出三百万倍去了。如果我们所不能看见的部分和我们所能看见的本质上相似的，这就只是说全宇宙一定要比我们所见的这一小部分大出三百万倍了。在这种情形下，宇宙的圆周也就必在一千亿光年左右了——假若它的扩张骤然停止，光就可以用一千亿年把它周游一次了。但是无论如何这个估计是极不确定的，而且如果星云退走的视速度中有一部分是错了的话，于是星云实际上便是在用较低的速度退走了，那么全宇宙的物质总量一定要比我们所假定的还要大，而宇宙的大小也一定要同样按比例加大的。

如果我们根据望远镜观察所能及的几部分空间来推断，宇宙间物质的一大部分就已经凝结成星体了。很明显的，我们不能用多少近乎准确的说法来说出全宇宙中星的数目，但是我们可以用别的话来暗示：大概宇宙间的星数是所有世界中的海岸上的沙粒数一样大的。或者再举一个别的比喻：宇宙间星的全数大概是等于一个大雨天全伦敦市所落的雨点的数目。而且我们还记得住，一颗中等的星要比地球差不多大出一百万倍的。

我们也许会以为空间既然包含了这样繁多的庞大的星体，大概要非常的拥挤。实际情形却恰好相反：它比我们能想象到的任何东西都要更空虚的。让全欧洲只剩下三个黄蜂，欧洲的黄蜂还是要比空间的星体密集，至少在我们所熟悉的这一部分空间是这样。

宇宙的年纪

除非我们知道了星云的眼见的退行的真实情形，不然我们肯定不能确切说出宇宙的年纪来。如果那些情形都是真的，那么就必须把所有各色各样的天文学上的事件一股脑儿都送进几十亿年的过去中去。现在所有天文学上的一般事证差不多都在抗议否认这么短促的过去；看起来如果星的生命只是这样短促，现在这样的星的分布似乎就不大可能了。因此我以为不如说星云的眼见的退行将来要证明是虚妄的，于是依星的现在的分布便要指出它们也有了万亿年的过去，而且还要有相差不远或竟更久长的将来了。就现有各种事证看来还很混乱，有时甚至互相矛盾，我们离能做出最后结论来的时候还早得很呢。不管哪一种说法将来会得到胜利，照我们人类的标尺说起来，宇宙实在是很老很老了；要拿人的一生，民族的一世，甚至于全人类的历史，和它比较起来都几乎要等于零了。人还未在地球上出现的时候，星辰已经和现在的样子差不多了，而且十之八九当最后一个人离开地球的时候，它们也还差不多是现在这样的，人类的全史要和星辰的年纪比较起来只可算是一眨眼罢了。

我们这些人来观看宇宙正像一位旅客在一闪光之下观看风景一样。在这一闪光把它显示给我们之前它早就存在那儿很久了，而且在黑暗复合以后它也还要继续在那儿很久的。这道闪光是那样短促，使我们不能够趁这闪光存在的时候看出景物的变迁，可是我们却知道它并不是绝无变化的。如果我们能用比闪光稍微悠长的别的东西来照明它，我们便会看到一幅一直在变化的生长之后继以衰退的图画了。同样的，我们相信宇宙并不是一个永存的机构。它也有它的一生，它也由生到死行过一条长途，正像我们大家一样。因为科学所知道的变化，只是逐渐变老的变化，而科学所知道的进步也只是向坟墓走去的进步而已。依照我们现在所有的知识来说，我们不能不相信这整个的物质世界也只是这道理的扩大了的例证。

我们已经看到星是怎样不断地化为辐射的，恰恰正像一座冰山在热海中化去一样地持续不断而且确定无疑。关于这变化的限度我们还在存疑，但是太阳比上一个月减轻了几万亿吨却是千真万确无可怀疑的事实。既然其他星体也是在以同样的情形化去，这整个宇宙的质量自然也要比上一个月减少了。

不仅是宇宙间的物质总量天天在减少，而且所剩下的也还不断地逐渐互相分离。因为太阳不断地减少重量，它对于行星的引力也就越来越微弱了，因此，所有的行星，连地球也算在内，都不断地越来越离开太阳自投到冰冷的空间去了。再者所有银河系中的星辰，一直算到银河，都是借大家的引力而互相团结的。既然星辰都把重量化成了辐射，这些力量便永远在减弱，结果这系统便要永远扩张下去了。我们自己的星城越来越大，而且其中的各个光辉却越来越微弱了。当然空间的其他星城也有同样的情形的。于是，首先我们便有了大宇宙的普遍的扩张——肥皂泡的膨胀——因此大星城也都互相越离越远了。不论怎么样，物质的宇宙看来总要飘逝过去，像一个曾经传说的古老的故事，而且要化入乌有，像一个幻象。人类的智慧在过去所占的时间仅仅是天文学上时钟的一声滴答，更难希望能这样快地了解其中所有的意义了。也许有一天我们能明白的：现在我们却只能惊诧而已。

附录一

常识指南

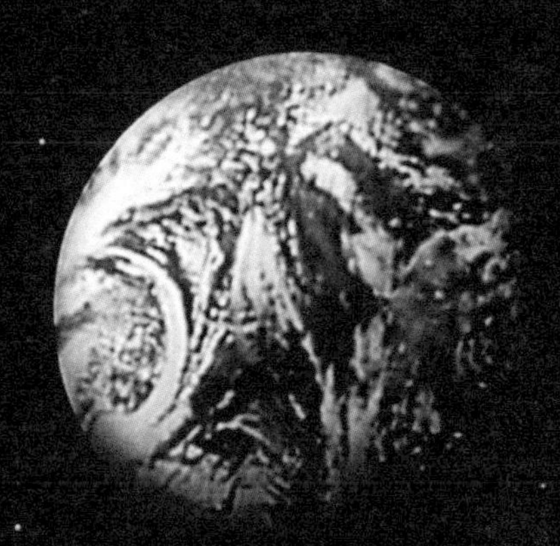

因为天上的北天极永远在一定的北方，从那儿引出一根线引到天顶（正在我们头顶的一点）再一直延伸下去，这就会终于遇着南方地平线上的一点的。这根线便叫作子午圈。我们选定的任何一颗星都要永远在子午圈上的同一点上经过，每夜如此，并且当然也在同一恒星时上的。

天界指南

本书所附的两幅星图可以帮助读者认定星座并找出天上的星辰及天体的位置来，不过首先必须更详细些说明一下星的视运动。严格说来，地球在空间二十四小时旋转一次只是大致正确的，却并不是十分准确的。从太阳正当头顶上时算起，算到第二天正当头顶上为止，确是二十四小时，可是地球在这时期中却旋转了一个完全的圈子又

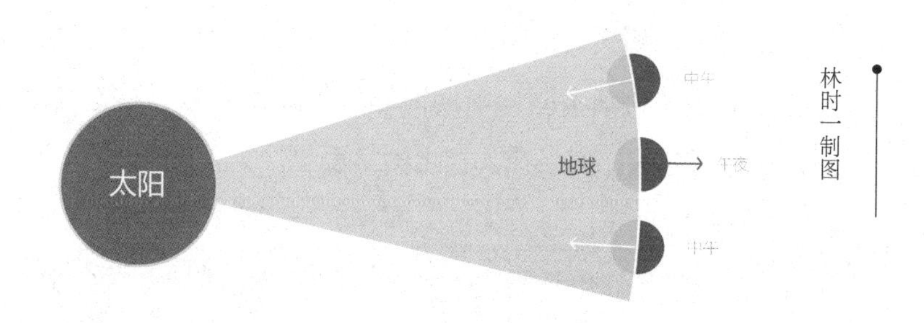

林时一制图

注：附录的编制以及大部分的材料都是得到剑桥大学出版部经理人的允许而取自波尔爵士的天文学初步 (Sir Robert Ball: Primer of Astronomy)，但全部都经重新写过而且现代化了的。

多一点了。一个完全的圈子使地球复回到星辰下面的原来的位置，但是太阳自身既是在星座之间不断移动着，所以地球要在到太阳下面的同样位置就必须要更多旋转一点儿了。

太阳在表面上看来是在全天空上一年绕过一周的，因此一全年中的这些旋转多出来的总数也就恰好是一整旋转的时间。既然一年是三百六十五又四分之一日，那么也就是说地球在三百六十五又四分之一日中旋转了三百六十六又四分之一圈了。由此我们可以推算出地球在空间完全旋转一周所费的时间是二十三小时五十六分四秒了。每天地球都费这么多的时间在空中旋转一次，再接着费三分五十六秒的时间去追上太阳在天上二十四小时内所有的运行。

恒星时

如果我们把二十四小时的时钟的钟摆矫正一下，使它每天快三分五十六秒，那么时针就会二十三小时五十六分四秒回转一周了。于是，每逢钟上到了同一时间时候，例如两点钟，地球在空间中的位置都是同样的，而且在头顶上的星辰也恰恰是同样的。

这样的时钟在任何天文台上都有。一座平常的时钟告诉我们太阳在天上什么地方，可是这样的时钟却告诉我们星辰在天上什么地方。这些钟便叫作“恒星钟”。他们都在零时开始，那时星辰正在某一个大家共同认定的位置上，以后就表示出所谓恒星时来。

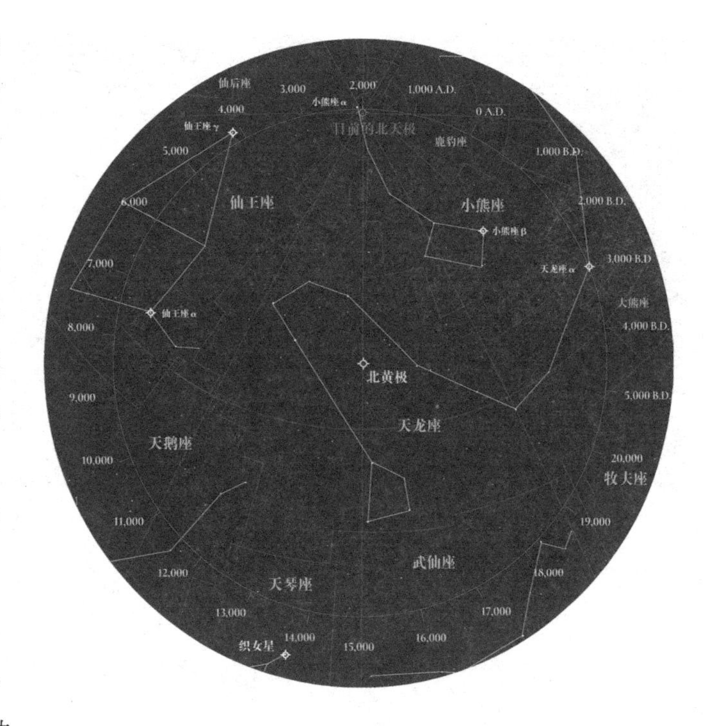

北天极围绕北黄极的进动　林时一制图

当然不是每人都有一座恒星钟的，可是下页附的一张表可以给我们一个最近时间的恒星时，这便使我们能够辨别空间星辰间的方向，并且充分准确地决定某些特定的星的位置了。

因为天上的北天极永远在一定的北方，从那儿引出一根线引到天顶（正在我们头顶的一点）再一直延伸下去，这就会终于遇着南方地平线上的一点的。这根线便叫作子午圈。我们选定的任何一颗星都要永远在子午圈上的同一点上经过，每夜如此，并且当然也在同一恒星时上的。举例说，天狼星永远在恒星时的六时四十分经过子午圈上的从北极算过去的一百零六度的那一点上的。我们便说六时四十分是天狼星的“赤经”，而一百零六度是它的“北极距离”。

下文的第一幅星图中表示所有离北天极九十度以内的亮星。第二幅星图则是离南天极九十度以内的亮星。在北京可以看到前者的全部，和后者中距离南天极五十度以上

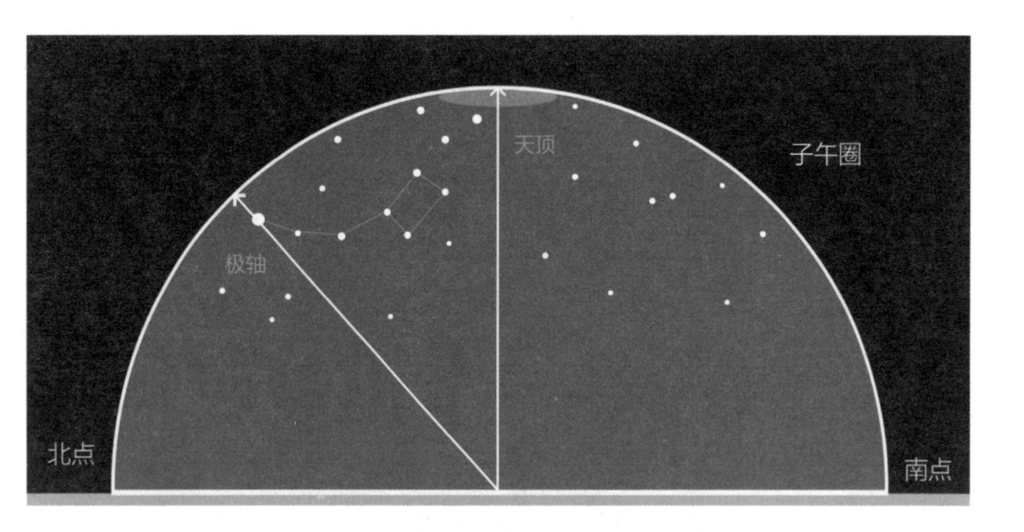

极轴、天顶、子午圈等概念示意 林时一制图

的所有天区。但越靠南，越不易观测。

要发现任何一颗星在任何一个时间中的位置，我们必须向上面表中找出恒星时来。譬如说是七时。于是我们便知道所有在赤经七时上的星那时都在子午圈上了。星图便指示给我们看这些星是那些颗，赤经时刻都在星图边上标明，由此我们也能大致找出我们要找的星的位置了。

这两幅图中的星都依它们的表面亮度分为五类：即一等、二等、三等、四等、五等。大致说来。天上最明亮的二十颗星都是一等星；有一等星光的百分之四十的亮度的星是二等星。依此类推，每降低百分之六十便又是一等。（星等差5倍，亮度差100倍。相邻两个星等差大约2.512倍。）

各等星在星图中用不同大小的圆点表示的，最大的便代表最明亮的。

北天球星图，曹军绘

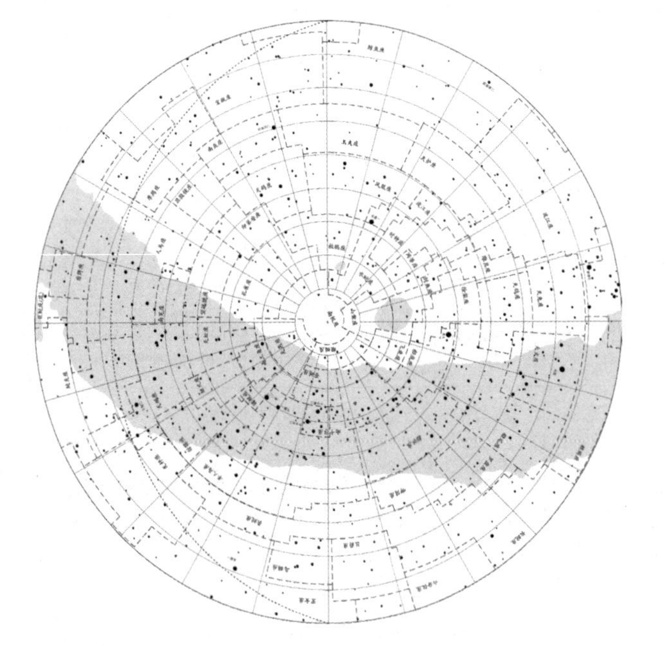

南天球星图，曹军绘

Ⅱ 二十明星表

星名	星座	距离（单位：光年）	光度（单位：太阳）	星图中所在星区
天狼（Sirius）	大犬座 α	8.6	26.3(22.9)	九
老人（Canopus）	南船座 α	未知 (310)	未知 (15000)	十六
南门二（α Centauri）	半人马座 α	4.3(4.4)	1.3(2.0)	十八
织女一 (Vega）	天琴座 α	26(25)	50(49)	七
五车二 (Capella)	御夫座 α	52(42)	185(132)	三
大角 (Arcturus)	牧夫座 α	41(37)	100(115)	十一
参宿七 (Rigel)	猎户座 α	500(860)	15,000(53,000)	九
南河三 (Procyon)	小犬座 α	10.5(11)	5.5(7.1)	九
水委一 (Achernar)	波江座 α	70(140)	200(1000)	十四
马腹一 (β Centauri)	半人马座 β	300(350)	3,000(5600)	十八
河鼓二 (Altair)	天鹰座 α	16(17)	9.2(11.5)	十二
参宿四 (Betelgeuse)	猎户座 α	200(640)	1,200(20000)	九
十字架二 (α Crucis)	南十字座	230(320)	1,600(4100)	十七
毕宿五 (Aldebaran)	金牛座 α	57(65)	90(150)	九
北河三 (Pollux)	双子座 α	32(34)	28(33)	四
角宿一 (Spica)	室女座 α	230(260)	1,500(2200)	十一
心宿二 (Antares)	天蝎座 α	380(600)	4,000(12000)	十八
北落师门 (Fomalhaut)	南鱼座 α	24(25)	13.5(17.3)	十四
天津四 (Deneb)	天鹅座 α	600(2600)	10,000(170,000)	十二
轩辕十四 (Regulus)	狮子座 α	56(77)	70(130)	十

Ⅲ行星表

行星	卫星数	大小（以地球为单位）			距日远近（以地球距日远近为单位）	公转周期（以年为单位）	公转速度（每秒千米数）
		直径	体积	质量			
水星	0	0.39 (0.38)	0.06	0.04 (0.06)	0.39	0.24	47.8 (47.4)
金星	0	0.97 (0.95)	0.92 (0.86)	0.81 (0.82)	0.72	0.62	34.9 (35)
地球	1	1.00	1.00	1.00	1.00	1.00	29.8
火星	2	0.53	0.15	0.11	1.52	1.88	24.1
小行星	—	—	—	—	1.46-5.71	1.76-13.7	略
木星	9(67)	10.95(11.21)	1312 (1322)	317 (318)	5.20 (5.21)	11.86	13.0 (13.1)
土星	9(62)	9.02 (9.45)	734 (763)	95	9.54 (9.58)	29.46 (29.43)	9.7
天王星	4(27)	4.00 (4.01)	64(63)	14.7 (14.5)	19.19	84.01 (83.76)	6.8
海王星	1(14)	3.92 (3.88)	60(58)	17.2 (17.1)	30.07(30.05)	164.78 (163.7)	5.5(5.4)
冥王星	不详 (5)	不详 (0.19)	不详 (0.006)	不详 (0.002)	39.8 (39.48)	248	4.7

注：为清楚展示2世纪30年代与现在认知的差距，在表格中保留了原书的数据，并将现代数据标记在括号中，但所有数据仍只保留到原数据的精度。

Ⅳ 行星运行表

年份	水星		金星		火星	木星	土星
	晨星	昏星	晨星	昏星			
2018	1, 4, 8, 12	3, 7, 11	—	8	7	5	7
2019	4, 8, 11	2, 6, 10	1	—	—	6	7
2020	3, 7, 11	2, 6, 10	8	3	10	7	7
2021	3, 7, 10	1, 5, 9	—	10	—	8	8
2022	2, 6, 10	1, 4, 8, 12	3	—	12	9	8
2023	1, 5, 9	4, 8, 12	10	6	—	11	8
2024	1, 5, 9, 12	3, 7, 11	—	—	—	12	9
2025	4, 8, 12	3, 7, 10	5	1	1	—	9
2026	4, 8, 11	2, 6, 10	—	8	—	1	10
2027	3, 7, 11	2, 5, 9	1	—	2	2	10
2028	2, 6, 10	1, 5, 9, 12	8	3	—	3	10
2029	2, 6, 10	4, 8, 12	—	10	3	4	11
2030	1, 5, 9	4, 8, 11	3	—	—	5	11

本表表示行星离太阳最远的时间。其实水星与金星最易看见，而火星、木星、土星都正好与太阳相对，在中夜横过中天，吐射最大光辉于夜的天空。

表中阿拉伯数字指大距或冲的月份。

希腊字母读法表

字母	名称	字母	名称
α	Alpha	Υ	Nu
β	Beta	ξ	Xi
γ	Gamma	ο	Omicron
δ	Delta	π	Pi
ε	Epsilon	ρ	Rho
ζ	Zeta	σ	Sigma
η	Eta	τ	Tan
θ	Theta	υ	Uprilon
ι	Iota	φ	Phi
κ	Kappa	χ	Chi
λ	Lambda	ψ	Psi
μ	Mu	ω	Omega

星座的拉丁学名读法可照英文发音，不致大错。兹列举星名的希腊字母读法于上，以资参考。

星的区域

我们这里把天空分为 20 个区域来介绍，如下：

北方区

<table>
<tr><th>区域</th><th>名称</th><th>赤经（小时）</th><th></th></tr>
<tr><td>一</td><td>北极星
(Pole Star)</td><td>全部</td><td>离北极 25 度内</td></tr>
<tr><td>二</td><td>仙后座
(Cassiopeia)</td><td>22 至 2</td><td rowspan="6">25 度以外
在 70 度以内</td></tr>
<tr><td>三</td><td>五车二 (Capella)</td><td>2 至 6</td></tr>
<tr><td>四</td><td>双子座 (Gemini)</td><td>6 至 10</td></tr>
<tr><td>五</td><td>大熊座
(Ursa Major)</td><td>10 至 14</td></tr>
<tr><td>六</td><td>武仙座
(Hercules)</td><td>14 至 18</td></tr>
<tr><td>七</td><td>织女一
(Vega)</td><td>18 至 22</td></tr>
</table>

赤道区

区域	名称	赤经（小时）	
八	鲸鱼座 (Cetus)	0 至 4	离北极在 70 度以外在 110 度以内
九	天狼 (Sirius)	4 至 8	
十	轩辕十四 (Regulus)	8 至 12	
十一	大角 (Arcturus)	12 至 16	
十二	河鼓二 (Altair)	16 至 20	
十三	飞马座 (Pegasus)	20 至 0	

南方区

区域	名称	赤经（小时）	
十四	北落师门 (Fomalhaut)	22 至 2	离北极在 110 度以外
十五	波江座 (Eridanus)	2 至 6	
十六	老人 (Canopus)	6 至 10	
十七	南十字座 (Southern Cross)	10 至 14	
十八	半人马座 (Centaur)	14 至 18	
十九	人马座 (Sagittarius)	18 至 22	
二十	南极 (South Pole)	全部	离北极在 55 度外

这些区域中有趣味的主要的天体分述如下：

北方区

第一区——北极星（Pole Star）

本区包括小熊座的全部以及仙王座、鹿豹座、天龙座、大熊座的一部分。其中有趣味的部分只是在北极星或说小熊座 α 星这颗星上，这颗星便是普通称为北极星的。我们很容易依据星图或第十幅图认它出来。还可以利用大熊座中的两颗所谓“指极星”的帮助将它找到。从大熊座 β 星引一根线到大熊座 α 星再延长约五倍之远便可以碰上北极星的附近的；这绝不会弄错，因为附近并无其他明星。

我们已经提到过，说这颗星并不恰好正当全天空绕着旋转的极。它离极还有约一度又四分之一，或者说两颗指极星的距离（五度）的四分之一。这距离也相当于太阳或月亮的直径的两倍半，可是这种说法会使人觉得扩大了那种距离似的，因为太阳和月亮都因为太亮了常使人对于它们的大小有一个错误的印象。实际的极是在从极星到大熊座 ξ 星里大熊尾巴最末倒数第二星之间的一条线上。

因为极星的距离有几百光年，它一定是一颗极亮的星的。它是一颗四天周期的变星，还带着一位暗弱得多的伴星。

第二区——仙后座（Cassiopeia，参看图一）

本区中主要星座是仙后座，仙女座（Andromeda），以及飞马座（Pegasus）的一部。仙后座离北极星正和大熊座离北极星远近差不多，可是方位正相反。它的五颗主要的星很容易认出，因为它们形成一个很大的“W”形，做成那位仙后的座椅。

在仙后座最右方的明星叫作仙后座 β 星或 Caph，它的旁边便是仙后座 α 星或 Schedar。这两颗星形成座椅的下部。

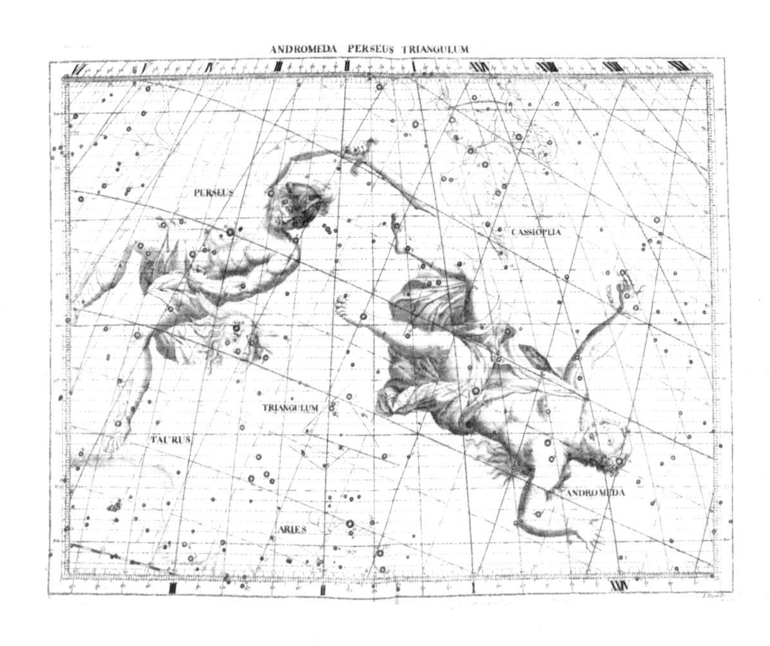

图一 英仙座和仙女座。仙女被绑在石头上，拿着美杜莎脑袋的英仙正赶来救她。美杜莎前额上的那颗星是大陵五，著名的变星。该图下部与图二相接。该图取自 1929 年出版的弗拉姆斯蒂德星图（Atlas Coelestis），2011 年互联网档案馆（Internet Archive）扫描版。

从 β 星作一根线引到 α 星，再延长约四倍便带着我们到了仙女座 γ 星或 Almak，这是所有最美丽的双星之一。这一对星中较亮的一颗是黄色的，而较小的一颗却是绿里透蓝；因此曾被人比作一粒黄玉和一粒绿珠的。好些的望远镜又显示给我们看那一粒绿珠自身又是两颗星合成的；它们被发现是每五十五年互相绕着旋转一周。它们的距离是四百光年左右，因此它们也一定本身都是极明亮的。

在差不多从这仙女座 γ 星到大正方形的飞马座的一角这条道路的中途，我们便发现一颗二等星，仙女座 β 星。从这儿我们可以找到一个非常重要的东西，就是仙女座大星云，这是唯一可以用肉眼清晰看出的“星云”（这里星云仍然指星系）。它是大约在从仙女座 β 星到仙后座 β 星之间的四分之一的路上。

第三区——五车二（Capella，参看图二）

本区中，银河通过御夫座（Auriga），其中有明星五车二（Capella）或说御夫座 α 星。

五车二是很容易认出的，因为它正在猎户的腰带和北极星的正中间。它也可以说是在由大熊座中的显著的四边形的较长的一边的延长线附近，还可以借在它旁边的小小的 V 形的三颗明星找出它来。三颗星叫作 Haedi，是些小山羊，而五车二自己便是母羊。

五车二在十二月初的夜半便升到子午圈上，那时在伦敦望来离天顶不过偏南六度。它是冬夜的代表明星正像织女一（Vega）是夏夜代表的明星一样。五车二较织女一不过稍暗一点儿，但两者都比天的北半球上的别的星亮。可是在南半球上便有天狼（Sirius）、老人（Canopus）

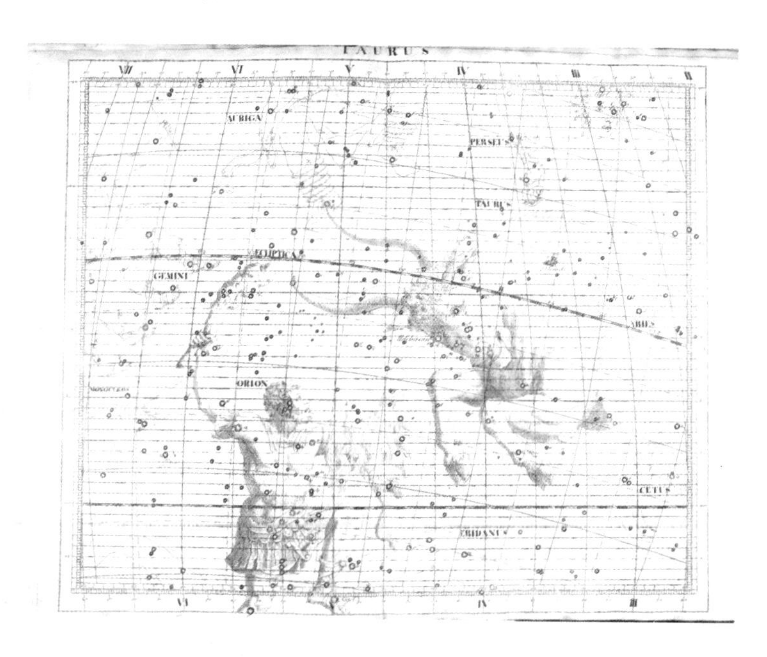

图二 猎户座和其周围的星座。猎户正准备迎接金牛的撞击。在猎户腰带上的粗线是天赤道，在金牛角上的粗线是黄道，也即太阳在天上走过的路径。该图上部与图 2 相接。该图取自 1929 年出版的弗拉姆斯蒂德星图（Atlas Coelestis），2011 年互联网档案馆（Internet Archive）扫描版。

和半人马座 α 星都比较它们俩更亮了。

五车二是一颗变星，它的距离算得较为准确，约是五十二光年。其中两颗星的光辉，一颗是太阳的一百零五倍，另一颗是八十倍，它们在一百零四天中互相绕着旋转一周。较大的一颗星约比太阳直径大十一倍，因此体积也大了一千三百倍了，可是重量却只大四又五分之一倍。较小的一颗只有较大的直径的一半，约有它的五分之四的重量。两者都是黄色巨星（参看第五章）。

差不多和五车二在一道平行线上（这就是说离北极有同等远近），便是御夫座 β 星。这又是一颗双星，两颗星都比太阳大，在不到四天的时光互相绕着旋转一次，在每旋转一次的程途中要互相蚀去一次，因此这颗星光便会暂时暗淡下去。这个双星系的距离是一百光年。它的两颗星的亮度是相等的，每颗都差不多比太阳光强五十倍；它们都是主要主序星，物理构成大概和天狼一样。

在这两颗星的南面（离开它们约是二者之间的距离的两倍），我们又发现一颗明星，金牛座 β 星，这是金牛座（Taurus）中的第二颗星，这一座的大部分都在本区范围以内。金牛座 α 星或称毕宿五（Aldebaran）在第九区中，可是在第三区中的这一部分却包括了那些有名的星团，那是从古以来便叫作七姊妹（Pleiades，中名昴星团）的。即使在一对肉眼看来，这也是一团很触目的星，可是即使用能力不高的望远镜看来也会好得多了。它们是一团互有物理的关联的星。它们都在空间一齐用同样的速度向同样的方向移动，正像一大群野鸟一般。

如果我们从御夫座 β 星引一道线到五车二再延长二倍，我们便遇到了大陵五（Algol）或称英仙座 β 星，这是英仙座中的第二颗明星。这是一颗很著名的变星，从远古以来就已经知道它的变光了。它也是一个双星系，其中两颗星，一明一暗，互相绕着旋转每过两天二十一小时一周，一面互相蚀去一次。当那暗星到了明星的前面的时候，星光便突然减弱到原来的三分之一，此后一点也不使人觉得停留，又恢复原来的光度。这光的升降时间各约四小时，而它的亮度变化也很容易为肉眼看出来。大陵五的北面，经过银河的一道支流，便是明星英仙座 α 或称天船三（Mirfak）。

英仙座还有两个很美丽的明星的“星团”。两个都能被肉眼看见，看得见像银河中的两块亮斑，虽然其中的星当然要比银河中的星近得多多的。它们差不多就是在连接英仙座 α 星和仙后座 β 星的线上，约离前者有这线的五分之三远。一个小望远镜可以看出较亮些的星团中的星是一个很美丽的马蹄形，而较暗一些的一个中是两个三角形。

第四区——双子座（Gemini）

第四区包括双子座（Gemini）、巨蟹座（Cancer）的大部分和天猫座（Lynx）的全部。其中主要的星便是双子座中的两颗明星，双子座 α 星、β 星，公认为 Castor 跟 Pollux（中名北河二，北河三，西名原意系神话中之一对双生子）的。北河二也许要算是被北半天的最美丽的双星的，它在小望远镜中观察起来极为光辉动人。一颗星看来比另一颗星亮一倍；其实这两颗星的光度比太阳是一个二十三倍，一个十一倍，而且距离有四十三光年。它们的一般物理构成与天狼一样，两者相加的重量是太阳的五倍半，相互环绕每三百零六年一周。这一群星中的第三个便是双子座 α 星中的 C 星，这是一颗暗红星，只有太阳光的二十五分之一，而且只有在很好的望远镜中才能望见。

最近发现这三颗星中的每一颗星又都是个变星，因此北河二便实际上是六颗星的一群了。这三颗星中没有一颗能看出是双星来，便在最有力的望远镜中也是这样。但是用分光仪的办法（这和发现遥远星云的速度的方法相仿，见第八章），便显出每一颗星有两部分用不同的速度运动；因此每一颗星都必定是两个不相连接而互相环绕的部分所构成，而这两部分相离竟近得在任何望远镜中都不能分开看见。这一种星便称为“分光变星”。它们互相环绕一周的周期各不相同，最亮的是 9.22 天，次亮的是 2.93 天，而那颗暗红星却只要 0.814 天 （就是说二十小时）。最后这颗星中的两颗当互相环绕的时候很规则的互相蚀着；它们俩看来在各方面都十分相似，每颗星的直径约比太阳直径的一半多一点，而重量便等于太阳的一半。

第四区所包括的巨蟹座中的部分气既没有明星也没有什么特别有趣的东西。天猫座中的所有的都是不显著的星，可是其中有许多变星，并且有一些东西在一个有很好的望远镜的人是很有趣味的。

第五区——大熊座（Ursa Major）

第五区中的最显著的一群星便是大熊座（Ursa Major）中的七个主要的星，这便是 α 星或称天枢（Dubhe），β 星或称天璇（Merak），γ 星或称天玑（Phecda）；δ 星或称天权（Megrez），ε 星或称玉衡（Alioth），ξ 星或称开阳（Mizar），η 星或称摇光（Alkaid）。这些星放在一起便是著名的查尔的手车或者大勺子（中名即北斗七星），ξ 星（开阳）是一颗双星，用极微小的望远镜的帮助便可分开。

后发座（Coma Berenices）也在这一区中，这是一群暗弱的星，它们密集的程度还是很难够称一个星团的资格。

本区几乎包括全部的猎犬座（Canes Venatici），其中包含有美丽的双星（猎犬座 α 星）或称查尔王德的心脏（Cor Caroli）。天文学家哈雷（Halley）给它起这个别名是受了一位御医的怂恿，因为他说查尔王回伦敦的前夜这颗星显然明亮了起来。这颗星是很容易找到的，只要从大熊座 α 星引一根线到 γ 星再延长一倍半便到了。一个连接大熊尾巴三颗星再延长造成的圆圈也便恰恰经过它。主要的一颗星是三等星，它是伴星，离开三分之一弧分远，是在五等六等之间，因此这是一个小望远镜中容易分辨的东西。

这一星座中所有的其他有趣味的星是有限的。但是它却包括了那壮丽的旋涡星云 M51，这是通常称为“涡状星系”的。一八四五年在罗斯爵士（Lord Rose）的巨大的六尺的反射式望远镜中发现。这又是观察到了旋涡构造的第一个星云。在小望远镜中，除了两团几乎混在一起的昏暗的光外，却是看不出什么别的来的。

第六区——武仙座（Hercules）

本区包括武仙座（Hercules）、牧夫座（Bootes）及天龙座（Draco）的大部分。

约在武仙座 ξ 星跟 η 星的正中间，有壮丽的球状星团 M13。虽然这是北半球天空最触目的球状星团，却只是刚能被裸眼看到，而且需要在极端良好的观测条件下；唯一可以被肉眼毫无谬误地看出来的球状星团是在南半天球上。

在武仙座跟牧夫座之间有一群星成为很有趣的 U 形，名叫北冕座（Corona Borealis）。这是有限的能够名实相符的星座之一。

第七区——织女一（Vega）

本区中天琴座（Lyra）含有明亮的一等星天琴座 α 星或称织女一（Vega），这是北半天最亮的一颗星，在所有北半球上都能看见，南半球上也有大部分可以看见它。因为织女一是离北极约五十一度，所以在北半球凡纬度超过了五十一度的地方都可以永远看到它在地平线上面。这中间自然也包括了不列颠群岛（British Isles）的一大部分。

这颗星是很容易认出来的。正像大熊座的四边形的两颗星（α 星、β 星）指着北极星一样，另外两颗星（ε 星、δ 星）指着织女一。我们还可以看出北极星和大角（Arcturus）和织女一是一个重要边三角形。

大约当六月的中夜，织女一经过子午圈，在伦敦看来约在天顶南三十二度。这种情形在七月便是晚十点钟，在八月便是八点钟，余依次类推。因此织女一变成了夏夜的明星；从九月到二月，它的中天时刻是在白昼。

织女一的物理的构成是和天狼很相似的。它的光度是天狼的二倍，约当太阳的五十倍。它的距离约二十六光年。

天琴座中还有双星天琴座 ε 星。因为其中两颗星相离有二十分之一度，好的眼力已经可以把它们分出来了，不过一副观剧望远镜或小双眼睛更能帮点忙的。一架很小的望远镜可以看出它的两个分子每颗又都是一个双星。

本区包括天鹅座（Cygnus）的全部。其中有一等星天津四（Deneb）或称天鹅座 α 星，还有 Albireo（辇道增七）或称天鹅座 β 星，是一颗很美的双星，其中有两星的颜色恰相对照，地位在伸长了的天鹅颈部的喙部。本区还包括银河中一些顶丰富的部分。

赤道区

我们现在到了赤道六区中了，这是在第一、第二两星团中都有的。

第八区——鲸鱼座（Cetus）

从恒星时表中我们看到第八区是约在一月下午六时经过子午圈的，因此在冬天日暮时便可以看见本区中的星座了。约在八月下旬本区于上午四时经过子午圈，九月是上午二时，十月是正半夜，十一月是下午十时，十二月是下午八时。它是秋日黄昏的观察区。

虽然说鲸鱼座（Cetus）最大的星座，可是其中却很少明亮的星。它包括两颗二等星，九颗三等星和四等星。

双星鲸鱼座 **o** 星（Omicron Ceti，参看第五章）或称蒭藁增二（Mira Ceti），便在本星座中。德国天文学家法布利修斯（Fabricius）在三百多年前就已经发现它的变光了。它的光不住的变动，周期约为十一个月，变动得却很奇怪。这颗星从望远镜才能看见的九等星慢慢亮起来陆续亮到八等、七等、六等，此后便能被肉眼看见，于是又一直升到二等星。它约在开始光度上升之后的四个月中达到最亮的程度，再在最亮的光度上约停留一个月，然后又开始暗弱下去。它慢慢地变，变到五个月后，它又变成从前那颗望远镜中才能见到的无足重轻的九等星了，它叫作鲸鱼座奇星（Mira Ceti）是很对的，它的最大的光度比它最小的光度大过五百倍。

观察者还可以注意出一个极大的 W 形画在天空上！其中有鲸鱼

座 α 星或称天囷一（Men Kar）和白羊座 α 星或称 Hamal 是下边两点，金牛座 α 星（毕宿五）和昴星团（Pleiades）和英仙座 β 星（大陵五）成上边三点。

第九区——Sirius（天狼）

本区是天上特别有趣味的一部分，包括猎户奥里昂（Orion）和环绕着他的兽类等等一群星座（参看第一章所叙述）。其中有猎户座（Orion）和小犬座（Canis Minor）的全部，还有大犬座（Canis Major）、金牛座（Taurus）、天兔座（Lepus）以及麒麟座（Monoceros）的大部分。大犬座中的最明亮的一颗星便是大犬座 α 星或称天狼（Sirius），是天上最亮的一颗星。这颗星是在南半球上，可是，因为它离赤道不过八十度，它便可以在适宜的时候被全地球上的人看见（只除了在北极圈中很小的地方）它大约在新年前后的夜半经过子午圈，因此在我们北纬各地看起来它来便最好是当春日傍晚或秋季夜半以后。即使只看它的光芒四射的美丽的色调也就足以使它做引人流连得一颗星了。实际上它是一颗典型的白星，但因为它们闪烁不定的缘故，它看来竟似乎在不住地变换颜色了。

从古希腊诗人荷马（Homer）一直到现今，天狼都是被叫作犬星的，并且还在许多的埃及的大建筑中用一只狗表示着。它在仲夏时光随太阳同起是被认为指示尼罗河（Nile）的开始泛涨的。

除了这颗明星外，大犬座中便很少趣味了。第九区中的最具显著特性的是猎户座，大约当一月夜间十时左右，一个站在北半球的观察者是可以正看见猎户座恰当他的南面。在猎户的腰带三星稍右边向下一些，便是那颗一等星 Rigel（参宿七）或称猎户座 β 星，这颗星的光度我们是相当准确的知道它是约为太阳的一万五千倍的。向左边离猎户的腰带与这同样远但往上面找去，便可发现那颗也一样有趣味的星参宿四（Betelgeuse），这是一颗红色巨星，有太阳直径的三百倍,光度一千二百倍。这两颗明星加上天狼和金牛座 α 星(毕宿五），便成为由一等星构成的大菱形（参看附录二）。猎户的腰带（三星）差不多恰好正在这大菱形的中央。由这三颗星所成的直线向双方延长各八倍，便在北方遇见了毕宿五，在南方遇见了天狼，各据一端。

恰好正当猎户腰带中间那颗星的下面，便是剑靶，其中有猎户座大星云存在，这也是许多望远镜中的奇观之一。

本区中还包括小犬座（Canis Minor），其中最明亮的星是南河三（Procyon）。它的位置很容易找到，只要把由猎户座的四边形上面一边的两颗星猎户座 γ 星即参宿五（Bellatrix）和猎户座 α 星即参宿四（Betelgeuse），所成的直线向左延长便可找到的。北河二和北河三（双子座中的两座明星）就差不多正在从南河三引到北极星去的直线上。

第十区——轩辕十四（Regulus）

本区包括狮子座（Leo）、巨爵座（Crater）、长蛇座（Hydra）及巨蟹座（Cancer）的大部分。我们所凭借了去找北极的大熊座的指极星也可以替我们找到狮子座的。因为那两颗星所成的直线一端引到北极星，一端便引到狮子座，而两边的距离又相差不远。这个星座中的星布置成一个很可注意的形状。其中最明亮的星便是一等星，狮子座 α 星或称轩辕十四（Regulus），这是一道触目的星弧形（狮子的头部）的第一颗，这道弧线有时也叫作“镰刀”的。本星座中其他的星便正在镰刀的凸起的那一边，而结尾的一颗二等星，狮子座 β 星或称五帝座一（Denebola），便正在狮子尾巴尖上。

这个镰刀中的第二颗明星，狮子座 γ 星，是颗变星，可以在小望远镜中看出来。其中较亮的一颗是二等星，较暗的一颗是四等，相离不过三弧秒。这两颗星的颜色互不相同，对照起来是很有趣味的。如果注意到毕宿五、双子座 γ 星、狮子座 γ 星、五帝座一差不多都在一条线上，也是很有用处的。

在这镰刀的中部，便是那一阵壮丽的流星雨的方向，那阵雨曾在一八六六年十一月十三日、十四日下过一次。这阵流星雨多少有些规则的周期，当它回来的时候，大家谈到都称为狮子座流星雨（参看第三章）。

巨蟹座中没有明星，可是它有个特色，便是那个奇异的星团，叫作积尸增三（Praesepe），是蜂巢的意思。肉眼看来不过是在双子座与狮子座中间的一块冥茫的光斑而已。但要借少许一点帮助眼力的工具，譬如利用一个观剧望远镜或小双眼镜，积尸增三便分化成许多星了。

第十一区——大角（Arcturus）

本区包括室女座（Virgo）、巨蛇座（Serpens）和天秤座（Libra）的大部分，以及牧夫座（Bootes，在第六区中）的小部分，可是有了其中最明亮的星 Arcturus（大角）或称牧夫座 α 星。

这是在北半球天空上除了织女一和五车二以外的最明亮的一颗星，它容易认定。我们先找到大熊的尾巴，顺着一直延长到两倍的光景，便可以遇见大角了。

大角当在四月下旬的中夜经过子午圈，对于一个在英国的观察者它是从天顶偏南三十度，因为不过赤道向北十九度，所以在地球上各地都可见到，只除了南极圈中一小部分。

室女座的最显著的特点便是一等星室女座 α 星或称角宿一（Spica）。从大熊座 α 星引根线通到大熊座 γ 星，再延长下去，略为弯曲一点便到角宿一了。我们还可注意到大角，角宿一和五帝座一这三颗美丽的星是形成一个差不多等边的三角形的。

巨蛇座也在本区，可以由其中的最明亮的一颗星，巨蛇座 α 星，把它认出来。这颗星是正在大角的左边。

乌鸦座（Corvus）是在角宿一右下方不远。其中的两颗明星，乌鸦座 β 星和乌鸦座 γ 星（Beta Corvi and Gamma Corvi）是和角宿一合成 V 字三角形的。

第十二区——河鼓二（Altair）

天空的这一个有趣的部分包括天鹰座（Aquila）、巨蛇座（Serpens）、蛇夫座（Ophiuchus）、人马座（Sagittarius）跟天箭座（Sagitta）的大部分。其中还有武仙座的一部分，中间包括了武仙座 α 星，这是一颗美丽的双星，两颗星的颜色一是橘色一是绿中透蓝，恰相对照。

天鹰座中的特色是一等星河鼓二（Altair, 即俗称牛郎者）或称天鹰座 α 星我们可以留心看到三颗明星构成一个触目的三角形，这三颗星便是河鼓二、织女一和天鹅座 α 星（天津四）。从织女一引一根线经过天鹅座 β 星的下方，便可以遇见三颗星正在这根线上，三颗星中间的便是河鼓二，比其余两颗都来得更为威武。这根线上的星是天鹰座中的特色，而且是有时被人误认作猎户的腰带三星的。

银河经过天鹰座中的一部分，传说中认为这便是天上的鹰正横飞过天上的河了。

蛇夫座的三颗主要的星，连上武仙座 α 星，成为一个不规则的四边形，它的中心离北极和离河鼓二远近相仿。

第十三区——飞马座（Pegasus）

本区包括宝瓶座（Aquarius）、双鱼座（Pisces）、摩羯座（Capricornus）以及其他小星座。若连上第二区和第八区，其中便还有那飞马座（Pegasus）中的大正方形，这差不多要算是和大熊与猎户的腰带三星同为太空上最熟悉的形象的。这正方形中是飞马座的三颗星，飞马座 α 星、β 星、γ 星连上第四颗星仙女座 α 星，所以有一角是向邻家仙女座中借来的。

试验眼力有个好方法，便是用肉眼看来，飞马座中的大正方形中有多少颗星。在英国很少能看出三十颗以上来，但到了南方遇上晴朗的天气，这数目便要增加的。在雅典（Athens）曾数到一百零二颗之多。

南方区

我们现在到了更南的地方，其中有很大部分都不能在英国看见了。

第十四区——北落师门（Fomalhaut）

本区是南天最亮的几部分之一。其中包括两颗一等星：波江座 α 星或称水委一（Achernar）和南鱼座 α 星或称北落师门（Fomalhaut）。

南鱼座（Piscis Australis）在双鱼座和宝瓶座南面，是一小群星，以北落师门为其中最触目的东西，从北落师门引一根线到水委一，再延长一倍便把我们带到全天空除了天空便算是最亮的老人星（Canopus）了。于是我们便有了三颗一等星列在一条直线上。这根线对于南天观察者认南天的星有极大的帮助的。在英国却只能看到最北面的一颗北落师门。

第十五区——波江座（Eridanus）

第五区中最有趣味之点便是源远流长的天上的河波江座（Eridanus）。依照古代星座的划分河源在水委一（Achernar，意为“河的尽头”），由此引出一大串明星顺流直到北方。它首先经过四颗四五等星的有趣味的一群，以后不远它便到了一颗三等星上，再向北蜿蜒，它便进了赤道区第八区了。

而且它也是一直伸展到了极南的，因此也流到了水委一以南，入了水蛇座（Hydrus，第十二区）。

波江座是天空最大的星座之一，包含将近三百颗星都是肉眼看得见的。可是其中除了水委一以外竟没有一颗三等以上的。

第十六区——老人（Canopus）

著名的星座南船座（Argo Navis）或更加简单些只叫它作Argo，便是第十六区的特色。它的境域占得很大，因此常为便利起见，再划成三个小星座——船底（Carina）、船尾（Puppis）、船帆（Vela）。

全座中最明亮的星，南船座 α 星或称南极老人星（Canopus）只比天狼的光辉次一点。可是天狼离我们还相当的近，而稍欠亮一点的老人却已知是更远出不知多少，所以它的本身也一定要更加亮出不知若干倍去了。不幸它的距离和光度直到现在还未算得相当准确。

第十七区——南十字座（Crux）

本区包括两个南天最值得注意的星座，便是半人马座（Centaurus）和南十字座（Crux）。

南十字座在较小的境域中包括一些明星，普通被认为南天的特色，像大熊座在北天一样。

南十字座中较长的那一根线一头指着南极附近，一头通过半人马座指着乌鸦座 β 星。较短的一根线指着半人马座中的两颗最亮的星，我们要在第十八区中再谈到的。

南十字座中最明亮的星，南十字座 α 星，是离南极最近的。其次明亮的一颗是最东的一颗，南十字 β 星。紧接着它，就是一颗八等星，这是约翰·侯失勒爵士（Sir John Herschel）所描写过的。他说："最足最深的栗红色，我所见过的星中的最鲜红一颗。要和南十字座 β 星的白色对照起来，它简直就是一滴血了。"

本区包括银河中最灿烂的部分之一，而且还有银河的最可注意的特色之一，便是一块天上的梨形的黑斑，八度长，五度宽，古代的水手和天文学家都称之为"煤袋"。古澳大利亚的民间传说把它解释成了一处张口的黑井，又说成一个恶魔所化的大鸵鸟在十字架座的星所代表的树根旁边等待一只被赶来到树枝间躲藏的负鼠。我们现在知道"煤袋"绝不是一个洞了，他只是一块黑暗物质的云涂去了后面的星辰（参看第六章）。

半人马座不仅境域大，明星也比较其他星座包含得多。其中有两颗一等星，一颗二等星，五颗三等星，七颗四等星，还有不下三十九颗五等星。

第十八区——半人马座（Centaurus）

半人马座中的最明亮的星，半人马座 α 星是在离南极三十度以内，所以在北半球上除了赤道附近以外都不能看见。

要认定这颗明星极其容易，因为另外一颗和它几乎同样明亮的星，半人马座 β 星就离它不到五度。两颗一等星这样接近是全天上别处没有的。北河二和北河三相离也不过五度之远，可是比起半人马座 α 星与 β 星来，光辉可就差得远了。本区中还有一个美丽的星座天蝎座（Scorpio），其中的最明亮的星了，心宿二（Antares）或称天蝎座 α 星，是在一串二、三等星的最末。这星座在夏季可以从英国这样的纬度上望得见，其中还有银河的最丰富的几部分。在全天上所有的显著的星中，心宿二看起来是最红的一个，其后便是参宿四，再其次便是毕宿五了。这三颗星都是红巨星，心宿二太阳直径约大四百五十倍，参宿四约大三百倍，毕宿五约大四十倍。

第十九区——人马座（Sagittarius）

第十九区中最显著的星是两颗二等星。一颗是孔雀座（Pavo）中最亮的星孔雀座 α 星，但这另一星座却大部分在第十四区中的。

本区中的银河是特别丰富而且美丽的。

第二十区——南极（South Pole）

这南极并不像在北极一样有一颗极星可以定出极的位置。第二十区中最可注意的东西总是大小墨氏兰尼葛云，大星云（Nubecula Major）和小星云（Nubecula Minor）（现一般译为大小麦哲伦云，大麦哲伦云Large Magellanic Cloud和小麦哲伦云Small Magellanic Cloud）。便是在肉眼看来我们也都是触目的东西，大云在满月的光辉中还能现出来的。

在小墨氏兰尼葛云的边上有最近的星团之一，杜鹃座47（47 Tucanae），这也是肉眼可以看得见的。

附录二

天文学漫话

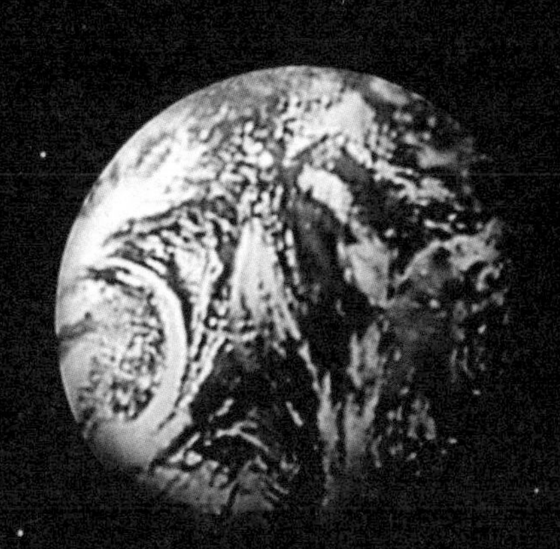

我母亲生前曾对我说，她看见过那颗“大扫帚星”扫过天空，亮极了。第二年宣统皇帝便被扫下去了。那正是一九一〇年。她见到了，不过留下了震惊的记忆和恐惧的回想。我现在知道这颗彗星的规律，知道它不是扫帚星要扫荡什么，它不能不准时来，又不能不准时去。我和母亲大不相同了。我母亲见到了却不知道；我知道却见不到。这样的事太多了，一个哈雷彗星又算得了什么？想当年，罗马的恺撒得意地说了三句名言：“我来到了。我见到了。我胜利了。”

“哈雷”天外来

哈雷彗星又回到太阳身边了。七十六年一次回娘家，准确无误。可惜这次在我国观测不便，不免有点遗憾。算出这颗彗星轨道的天文学家哈雷活了八十多岁也未再见彗星，证实他的预言。我看不到一人一生大多只能见一次的这位天外来客也就罢了，只好等着看电视屏幕上的报道吧。

我母亲生前曾对我说，她看见过那颗“大扫帚星”扫过天空，亮极了。第二年宣统皇帝便被扫下去了。那正是一九一〇年。她见到了，不过留下了震惊的记忆和恐惧的回想。我现在知道这颗彗星的规律，知道它不是扫帚星要扫荡什么，它不能不准时来，又不能不准时去。我和母亲大不相同了。我母亲见到了却不知道；我知道却见不到。这样的事太多了，一个哈雷彗星又算得了什么？想当年，罗马的恺撒得意地说了三句名言：“我来到了。我见到了。我胜利了。”这不过是因为他打了胜仗。倘若他只是普通老百姓，说这三句话，不是会成为笑柄，无人理睬吗？

知道未必能见到，见到未必能知道。我国记录哈雷彗星的出现次数最多，从春秋记到清末，三十一次，两千多年，可称世界第一，却不知道这三十一个大彗星竟是一个。十七八世纪的英国人哈雷并没有这份长记录，却依照牛顿的引力定律算出了轨道，预言了它的出现周期。我们的记录不过提供资料，给人家发现的真理作个证明。能证明真理当然也是好事。真理本来不是人人可以随时发现的。可是我由此想到，知识很重要，但运用知识也许比知识本身更重要。有三个钱会用比有十个钱不会用要好得多吧？

由此可见，得到知识不易，懂得知识也难，运用知识更不容易却更重要。如果这话不错，我真有点为那些专门背书应考的青少年担心了。但愿这是“杞人忧天”吧。

金克木 / 文

四维空间

从前有个故事说：有一个人手执长竹竿站在城门口。问他为什么不进去，他把竹竿横比竖比，说："竹竿太长了，城门太小了，进不去。"他只知道上下和左右，却不知道前后，所以不会把竹竿掉过头来。他不知道前进、后退，只会上升、下降和左右摇摆。用科学的语言说，他就是二维空间的人物，只知道长宽，不知道厚。

我们是生活在三维空间里，也就是立体的空间里。二维空间就是平面。我们很难想象一个人若只有二维空间的宇宙观怎么能在三维的世界里生活。

二十世纪初年，出了爱因斯坦，他在一九〇五年、一九一五年两次发表了相对论学说。一九一九年日全食时的天文观测证实了他的理论，照以前的牛顿的理论，空间是三维的，像一个盒子，时间像一条带子，互不相关。爱因斯坦的理论却说，宇宙空间是四维的，长、宽、厚三维之外还有个第四维是时间。尽管他的那些数学公式和理论全世界懂的人不多，但这个四维空间的说法却散布开了，意义扩大，不限于物理学了。

时间就是变化。一切事物都在运动，都在变化，因此都得算上时间。时间能改变价值。

据说从前绍兴人生下女儿就酿一坛酒，埋在地下，等女儿出嫁时挖出来，叫“女贞陈绍”。酒越陈越好，埋在地下不动，过几十年时间就增长了价值。古代还有人在地下埋金银，留给子孙后代，过几十年挖出来，价值照旧。又听说新中国成立前有人埋钞票，过些年挖出来，钞票贬值，万元变成了一元钱。可能有的地方储备人才，留在那里，不用也不放，或者叫他改行干别的，过了些年用到他时，他知识老化，精力衰退，不是当年的人才了。也许有引进什么先进设备的，准备不足，进来了放在那里，研究研究，考虑考虑，安排安排，等到诸事齐备，东风也吹来了，设备已经陈旧，在国际上不是先进而是落后，也许投产之日即是应当停产更新换代之时了。这类事大概不会少。这都是第四维——时间玩的花样。

打排球有个“时间差”的打法，可是若要打人、抓罪犯，就不能用，因为对方不是要接球而是要躲球。“时间差”打得好就胜利，打得不对头就要失败。头脑里若没有“时间差”，恐怕就会像二维空间的平面人到了三维空间的立体里来一样。

千万不要忘记这位魔术师第四维——时间啊！

金克木 / 文

卫星·信息

通信卫星上了天，“信息”之声天下传。

我国通信卫星上天，宣传技术成就的很多，但对于这个卫星可能产生和必然产生的作用和影响却说得不多，未必大家都清楚。

坐在电视机前看地球那一边的球赛已经是“司空见惯”的事了。出国仿佛以前出县城那样，只要通过城门口的查询，得到放行；交通不用坐船、坐车，更不用跨步走了。地球缩小了。回想当年的华工和留学生千辛万苦坐海船颠簸多少天，如同隔世。那时要知道大新闻，只有大城市里能看到当天的报纸，稍远一点就得隔上几天；国际新闻还得靠外国通讯社。有了广播电台，才能亲耳听见，还不能亲眼看见。这不过是不多年前的事。

信息好比血液，本性决定要流通，可是总难免出现血栓。信息不仅要通，还要快。古时用烽火传信息也是为了比人跑去送信快。假如一不通，二不快，现代化技术就成废物了。可是一通，二快，就会有意想不到的影响，势必要出现人为的阻塞。不能充分利用也是阻塞之一。

现在的教学、考试都要求统一规格，那么何不全国一律利用通信卫星广播录音、录像呢？那不是更整齐划一不走样，而且节约心思了吗？既然电视机正在普及，何必还要千里迢迢进修、求经、访问呢？相距万里，打电话即可当时解决，又何必派人来往奔波呢？

然而，假如打本单位分机电话，拨本城电话，还要一再等待，花上几分钟到几十分钟才通，甚至不如写信或亲自跑一趟，那么，卫星通信会不会也这样排队呢？据说有的单位的电子计算机是“养兵千日，用在一朝”。说不定微型处理机大普及以后，会发生胀饿不均、停工待料、无效劳动的。还会不会有信息的运载工具超过信息运输量需要的情况呢？血管万千，血栓处处，纵不贫血，也会供血不足的吧？

无论如何，信息总是要流通的，而且是会加快的。社会的血液流通是什么血栓也阻塞不了的。

通信卫星上了天，信息应当加速畅通了。

金克木 / 文

天文·人文

彗星残片撞木星引起一阵轰动。关心的人不少，大概是因为想到了若撞的是地球，那还了得。于是对于忧天的杞人由两千年的嘲笑一转而为敬佩，有了新解说为他平反，他成为预见陨星危险的第一人了。为什么那么多恐龙忽然消逝？是不是由于小行星撞击地球？木星比地球大了千倍以上，体积比太阳系所有行星加起来还要大，虽然此次受伤不小，还经受得起。对付地球只要渺小的小行星的大陨石在地上袭击出不到青海或者里海那样大的一个坑就够了。震动和高温以及气候突变招致生态环境变化就连庞然大物恐龙也招架不住，人类会怎么样？

由此联系到另一件并未轰动的新闻。不久前天文学界将一颗小行星用我国天文学家戴文赛的名字命名。中国天文学家乘小行星遨游太空，这已不是第一次了。南京紫金山天文台以小行星为观测研究对象的发起者是南京大学教授张钰哲。由此我又想起了将近六十年前的往事。

一九三六年，我迷上了夜观天象，译出了一本通俗天文学书，曾请天文学家陈遵妫看过稿子。我到南京便去拜访，刚好张先生在他家，也见到了。陈先生对我很热情，不但介绍我去天文台参观大望远镜，还要介绍我加入中国天文学会。我说自己毫无根基，只是爱好者。他说，爱好者能翻译天文学书普及天文知识也够资格。我隐隐觉到天文学界的寂寞和天文学会的冷落，便填表入会。过了十几年，大约是一九五〇年，我忽然收到一份通知说是天文学会要恢复，在北京的会员开会，要我参加，召集人是戴文赛。他当时是北京大学数学系教授。我实在毫无资格参加，只是因为会员录上有我的名字，所以得到通知。恰巧在一个会上遇见了华罗庚，我向他谈起此事，自觉惭愧，以为是笑话。哪知他却极力鼓吹我出席，说是要支持他的数学同行戴文赛。于是我厚着脸皮到景山东街旧北京大学理学院去开会。陈、张等天文台的人都不在北京。果然到会的会员只寥寥不到二十人吧。可是其中明星灿烂，好像是有钱宝琮和几位坚持默默研究中国天文学史的学者。我既感不安又明白了华罗庚怂恿我实在不是为任何个人而是为科学界，能加上我这样一分微尘也比没有好。五十年代初的冷门的科学家啊！

随后戴先生去南京大学主持天文学系。我在参加恢复学会的会上列上一名凑数以后没有再保持接触。对于张先生提倡观察研究小行星的意义并不理解。这次彗星撞木星引起我的回忆和感想。我通宵看望狮子座流星雨的情景，陈、张、华、戴诸先生的神情又如在眼前了。

我写过一篇小文，题为《东西文化及其科学》（载《光明日报》）。

对于人文科学不够重视，有人呼喊。难道对于自然科学重视得足够了吗？与自然和人文双方相通的中国人科学思想的研究能让李约瑟博士专利吗？我们不能长远提供资料给人家研究吧？看足球式的热闹掩盖不尽梵高式的冷落。名、利、地位不能减消内心的孤独之感。文学家的寂寞自己会喊出声来，科学家呢？不过，真正的科学家、艺术家、思想家是能耐得住寂寞和寒冷的，像天上的星。

天离地并不很远，是空气阻隔不住的。

金克木 / 文

忆昔流星雨

报载：今年（一九九八）十一月十八日狮子座流星雨又要来了。我好像忽然听人说到老朋友，不免唠叨几句。

一九三三年，我在北平（北京）见到报上说，这一阵特大的流星雨就要来了，过三十三年才有一次，如何壮观又难见。当时我开始对天文发生兴趣，一心想看，可是住在公寓里，是个大杂院，不便深夜一人独自在院中徘徊，便和友人喻君谈起。他邀我到他那里去看，因为他租的一间房是独院，房东住后院。院子不小，没有树，正好观天。可是两人通宵不睡，除看星外干什么，他又提议，翻译那本世界语注解世界语的字典，可以断断续续，与观星互不妨碍。当晚就做实验。哪知一试之下有了新发现。

原来世界语的基本词汇不到一千，全靠加词头、词尾变化出无数新词。若要靠本身语言注解，又容易，又明白，必须有巧妙思路。例如，一、是、有、来、美、好这类字，怎么解释才能不比所注的字难懂？

那本字典的编者是波兰人，笔名 Kabe，真有办法，不但解得巧而好，还加上一些他从其他语言翻译成世界语的谚语作为例子，自然而生动，往往使我们拍案叫绝。但欣赏之余发生了翻译问题。译文怎么才能配得上原文？又如“一石双鸟”要不要改译成“一箭双雕”？于是又有了讨论、争辩，常常相持不下。反正无人肯出版这种书，不必着急，就东译一字，西找一字，先自己试作解释，再与原文比较，进行辩论，消磨时间。一转眼，两三个钟头过去了。第二夜接着来。我花几个铜圆买了一包“半空”花生带去。他在生火取暖的煤球炉上，开水壶旁，放了从房东借来的小锅，问我，猜猜锅里是什么。我猜不着。他说，是珍珠。我不信，揭开锅盖一看，真是一粒粒圆的、白的、像豆子样的粮食。我明白了，是马援从交趾带回来的薏苡，被人诬告说是珍珠，以后就有了用“薏苡明珠”暗示诬告的典故，所以他说是珍珠。他是从中药店里买来的，是为观星时宵夜用的。看流星雨，辩论翻译，吃“半空”和薏苡仁粥，真是这两个刚到二十二岁的青年人的好福气。

可惜的是，这一年狮子座流星雨误了期，没出现，但我们也不是白白熬夜，我们过了非常愉快的几个夜晚，不过字典没有译成。

一九六六年又是这群流星朋友降临之年，赶上了我们正在创造“史无前例”的历史。那年十一月里还没有正式“牛棚”，有的只能算是预备班。我夹在一些修字号的书记和资字号的权威中间，到一个农村去白日劳动，晚间接受批判。那时只能低头认罪，哪敢抬头望天，都忘了头上有青天了。现在才知道，这一年老朋友们来了，但只到西半球，没来中国，即使恭候，也是白等，因此并无遗憾。

万没想到我又赶上了一百年来的第三次，可是没法亲自欢迎了。

怕冷，眼花，久不出门，而且周围高楼丛起，夜间灯火通明，纵使能出去观赏满天花雨，也恐怕望得见的仅有稀稀落落了，何况说不定他们又会像六十五年前那样不肯露面呢？祝愿跨世纪的人们有福气欣赏这次的天女散花。看不到也不要紧，还有下一次。我都遇上了三次。下次你们可能有人登上航天飞机去看，可是别碰上了，那不是好玩的。

诗曰：

忆昔流星雨，抬头苦望天。

三逢皆未见，一笑叹无缘。

金克木 / 文

评《宇宙壮观》

（商务印书馆星期标准书之九，山本一清原著，陈遵妫编译）

这部书虽然算是《自然科学小丛书》，但实际上是分装五册九百七十四面的大著，在质和量两方面都可以遥接七十六年前李善兰译的《谈天》。

自然，这并不是说这部书的价值和内容都够得上与《谈天》相埒，在体例方面，不用说《谈天》是更严谨的著作，而此书便显得是一些材料的堆积，因而也只能算是一本较详的“叙述天文学”，它可以做天文学的入门书，却并不是天文学的课本；你可以从中汲取一些天文知识，你却不能仗它来研究天文学。

在《崇祯新法历书》大规模地介绍西洋天算到中国来以后，《谈天》才算把西洋的近代天文学系统的、正式的、原封原样的（虽然星辰的名字是中国的而且 ABCD 变成了甲乙丙丁）搬了过来，并且本文一开篇就声明科学真理与日常俗识的不符，已不仅是抄来的一些法术了。

近几年来，书店似乎肯接连出几本天文书，杂志上也渐喜欢登些通俗的关于天文，尤其是关于星座的文章。不过，这一类的书籍以及文章，大都偏于两方面：不是谈谈怎样认识星座（其中最好的要算开明版的《秋之星》），便是胪举一些现代天文学中，特别是天体物理学方面的问题与收获（例如《神秘的宇宙》（开明）之类）。虽然在现在的中国通俗的科学书籍需要得比较急迫，但是我们也不能不有循序更进地较系统地专讲这种科学的各方面的书；何况天文学又不是规定的学校课程，有丰富完善的课本。我们不能让普通的读者看完了《星空的巡礼》，便去读《星与原子》——何况即使他这样读完了几本书也还不能知道天文学究竟有些什么。引起了一般人对某种科学的兴趣，却不供给进步的书籍，这岂不是唤醒了熟睡的饿汉而不给他东西吃?

《谈天》虽不太艰深，却也不适合一般人进一步的阅读，因为比较陈旧而且枯燥。此外，顾元编的《天文学》（商务印书馆）虽较好，却又过于课本式的了，不宜做一般的读物。1935年出的《星体图说》（陈遵妫著，国立编译馆出版）确是一个天文学的Amateur所欢迎的书，其中有不少可供翻阅检查的材料，但可惜这又只是一本讲星的书，并非有系统的天文学，只可做窥天的参考资料。于是，一个开始对天体发生了兴趣的人，若不懂外文便要感到无书可读的苦。

因此，这部《宇宙壮观》的出现，便不能不使人鼓掌了。

但这部书本身的好处还是在他的量的方面的丰富。首先，将近千面的篇幅中，除了普通的天文常识以外，常用的备检阅的图表也收集了很不少。其次，关于天文学各方面都叙述到了：两册叙述太阳系，一册叙述恒星界，一册叙述宇宙之构造，一册叙述天文台及仪器，这便不是仅仅教人认星或将新鲜发现当海客谈瀛洲录向人说故事了。

总之，这部书恰好应付已对天文学发生兴趣更想进一步知道其中各方面情形的人的需要，它可以供给你颇丰富的天文知识，比你去从 Neccome Moulton 甚至 Persehel Ball 等等书籍去找，来得便利。这部书几乎可以抵上性质相类的 Splendour of the Heavens。（附带说一句，这一大部许多人合著的通俗天文学希望也能有人把它编译出来。）

不过，如果你对天文学尚茫无所知，以为这也是向你用说故事的口吻引人入胜的做天外奇谈的书，你便是上了书名的当了。这并不是摄制成功了的电影，却是待你自己去烹调的各样菜蔬，你若还一点不明白厨子的手艺，你将不能尝到什么美味。

如果你的目的是在认识星空，窥测宇宙之大，这部书也还是你的第二本该看的书，因为它虽有一张很好的北天星图，有最大光辉星表，又名变星表、双星表，以及星团星云表，但你若连星座还弄不清，如何能去定赤经赤纬的位置，而发现你所要寻找的星？它并不是像法国 Flammarios 的 Les Etoiles 一样用一千面的大书专谈星宿。在这一方面它不如《秋之星》和《星体图说》。

至于这书不是文学课本，这一点大约是不必说的了。

此外，我对于这部书还有些零碎意见：

我觉得这书关于所谓《近代天文学问题中之时髦问题》说得太少，不足以见现代天文学的趋向。因为新天文学即天文物理学已成了现代天文学的重心，而近年来由于漩涡星云的研究以及相对论的出现，考察爱因斯坦的宇宙的性质也成为一件重要的工作。（Shapley Eddington，都在这一方面努力）而这书中却只在第四篇末略为谈到，而关于星云退走宇宙扩张似乎竟未提及；其实 Eddington 的 The Expanding Universe 已不是新近出版的了。

金克木 / 文

记一颗人世流星

侯硕之——这是我只见过两面而终身不忘的朋友。

“硕之性格孤僻，不好交际，没有多少朋友。他对我说过的朋友就是你。听说你们在清华园看星谈了一夜，你为什么不为他写点什么？”硕之的哥哥侯仁之对我说。

我也记得侯硕之。可是关于他，我又能说出什么呢？我们总共只见面两次。第一次在清华园，他还是学生。第二次在昆明，他已经工作，只在茶馆里谈了不多的话。随后过了没有几年，我听到传说，他在去西北的路上遭遇土匪，不幸被害了。五十年代初我见到仁之，才知道硕之在西北死得很惨，遇上的未必是土匪。这话大概是给他挑行李的人传出来的。他是个穷学生，孤身一人，说是去陕甘工作，怎么可能在西北荒原上有人对他谋财害命呢？究竟是谁害死了他？他究竟要去西北什么地方？要去做什么？谁也说不出。抗战时期的西北是会令人想到陕北的。难道这里面没有政治气味？

一个文科理科兼优而学工科的青年就这样不明不白地夭折了。他像一颗流星，一闪光就没了，但不是在天上，是在地上，在人世。流星可以留下含有特种金属的陨石。他留下的是什么？是一本《宇宙之大》。

三十年代初期，英国天文学家秦斯的一本新书传到中国。这书用通俗文笔描述天象又解释宇宙膨胀学说。不约而同有三个人翻译。一是南京天文台的人。译出书名是《闲话星空》，商务印书馆先出版。一是侯硕之，清华大学电机工程系学生。译出书名是《宇宙之大》，开明书店接着出版。第三个是我。照原书名译作《流转的星辰》。本来译出很快，因为初次译书没把握，托人送给南京紫金山天文台的陈遵妫先生审阅。陈先生退回稿时让人告诉我，要赶快送去商务，因为天文台也有人译了。我不了解出版界情况，又将译稿托上海曹未风向商务接洽，已经晚了一步。幸而中华书局接受了，我不算白花工夫。我的译本是到抗战期间中华书局才出版的。

我的朋友沈元骥知道了这件事以后说：“两个译者都是我的朋友，你们也做个谈天文的朋友吧。我来介绍。”

暑假刚开始，我收到清华大学侯硕之来信，约我去清华观星谈天。他住的宿舍是“五楼”。同屋的人回家了，我可以住一夜。英国天文学家的一本书使我们成为一见如故的朋友。人和人之间真像是有所谓缘分的。

在清华宿舍的在我看来很大的一间楼房里，我告诉他，我没学过数学物理。他笑了，说：“我现在学工程，在高中可是学文科的。仁之学的是理科。考大学时我们两人颠倒过来了。他进燕京历史系，我进清华电机系。你猜我入学考试高级数学得几分？两分。”他怕我不信，还把一个文件给我看，作为证明，忘了是录取通知书还是学校印的什么分数册。那时高中文理分科，学文科的不进一步学数学物理。他怎么能进清华电机系呢？他解释道："幸亏清华入学考试分两次计算。先算国文英文初级数学，我得了将近一百分。可是第二次照理工科要求考试计分，高级数学我全没学过，看卷老师开恩，没给零分，给了两分。清华规定有一门零分就不算总分了。有两分还得算。结果是除这一门以外门门高分。取不取？决定不下来。工学院长交给系主任决定。他判断这是个文科学生改学工科，不取太可惜了。进来再说，学工不成让他转系。这个学生一定要。就这样入了学。系主任告诉，头一年补习数学，有的课不能上，要多学一年。四年功课五年学，空闲多，所以翻译了那本书。"他还告诉我，他进的中学是教会办的，一直跟英国人学英文，有种种趣事。所以英文程度还可以，其他很普通，考试得高分算不了什么。他除国文课外一向是用英文作答卷写报告。他又说："考大学时我想，得学点实用的东西。中国将来不管怎么样都需要发展电力工业。没有电，什么都谈不到。只要不亡国，就要有电。没有电，迟早还会亡国。不管清华电机系有多难考，我也要进。临时赶了一下没学过的数学，考试居然得了两分。这也许是看我答卷用英文的面子。"他笑了。真是个天真而有志气的人。他又为什么喜欢天文？

"我进工科，还是喜欢文科。理科中的文科就是天文。"我懂得，那时日本军阀已经占领中国东北；为了国，他放弃文而学工；但兴趣仍在文，那就是天文。

说着话，黄昏已到，他拉我下楼，介绍清华园几处"名胜"，终于到了一座塔形建筑边。他说："这是气象台，算它是天文台吧。

上不去，在天文台下观天象吧。你看，那颗明星出现了，是木星。金星此刻不在太阳这一边。”

于是我们进行谈“天”了。为观星，我选的是一个前大半夜无月的日子。记得当时我们最感兴趣的是观察造父变星。真凑巧，赶上了它变化，看着它暗下去了。后来，七姊妹结成昴星团上来了。我们争着看谁能先分辨出仙女座星云。那是肉眼能见到的唯一的银河系外星云。我们坐在地上，在灿烂的北天星空下，谈南天的星座，盼望有一天能见到光辉的北落师门星和南极老人星。后来我乘船经过孟加拉湾时，在高层甲板边上扶栏听一位英国老太太对我絮絮叨叨，忽见南天的半人马座、南鱼座、南十字座一一显现，在地平线上毫无阻碍，在海阔天空中分外明亮。我立刻想起了侯硕之，不知他还在不在昆明，我经过那里没见到他。谁知他那时是不是已经在，或者快要在中国的西北方化为流星了呢？

那一夜，我们谈天说地讲电力，把莎士比亚诗句连上宇宙膨胀、相对论，谈中国和世界，宇宙和人生，文学和科学，梦想和现实，希望和失望，他不掩饰自己的抱负和缺憾。我的倾听表明我的佩服。他又说又笑，我真看不出他平时是个不爱说话的人。那时我们只是在人生道路上偶尔相逢的两个过客，一无顾忌，放心，信口，谁也不笑谁。当时以为这一夜过去就忘了，哪里想到他久久不忘而我也记到了今天？

我在昆明再见他时，他已经毕业，在一个什么机关里工作了。那正是欧战爆发后不久。他完全失去了在清华园时的兴高采烈的气概。一副严肃而有点暗淡的面容使我很吃惊。他说，天文不谈了。在西南开发水电也没什么指望了，不知怎么才能为抗战出点力。他对我能到大学教书并不感惊异。是不是他会想到当初弃文学工也未必正确呢？仁之沦陷在北平，但燕京大学还在，日本还没有进攻美国，仁之还在研究历史地理。这时学文学理学工的差别不大了，都有点用处，又都没有多大用处。他透露出想到别处去，好像说过去西北可能有机会，我没有在意，我只觉得他和先前那位大学生真是判若两人了。

在“宇宙之大”中，一颗流星的闪过，不论多么显耀，也是极其渺小的。在中国之大中，一个极有希望的青年中途夭折也是非常微末的。但是在逝者的亲人和好友的心中，不论流星的放光时间是多么短暂的一瞬，它是永恒的，不会熄灭的。

金克木 / 文

索 引

① 本索引对照剑桥大学 2009 年出版的英文版本。